天然气供应能力
预测方法及应用

赵素平 黄 诚 等著

石油工业出版社

内 容 提 要

　　本书从影响天然气供应能力的影响因素和预测流程出发，系统论述了基于上下游一体化的天然气供应能力预测方法，包括天然气新增储量预测方法、天然气产量预测方法、天然气需求预测方法和天然气开发经济效益分析方法，详细阐述了天然气供气项目优化方法、天然气供需情景规划分析方法和天然气供需平衡分析方法，并通过实例测算介绍了配套软件的功能、特点和操作方法。

　　本书适合于相关科研院所、大学及相关行业的从业人员阅读，可为相关部门制定天然气发展战略规划、生产决策以及政策措施提供方法和技术。

图书在版编目（CIP）数据

　　天然气供应能力预测方法及应用 / 赵素平等著 . —

北京：石油工业出版社，2023.3

　　ISBN 978-7-5183-5364-4

　　Ⅰ.① 天… Ⅱ.① 赵… Ⅲ.① 天然气－供应－统计预测 Ⅳ.① TU996

　　中国版本图书馆 CIP 数据核字（2022）第 080040 号

出版发行：石油工业出版社

　　　　　　（北京安定门外安华里 2 区 1 号　 100011）

　　　　　　网　　址：www.petropub.com

　　　　　　编辑部：（010）64523535　　　图书营销中心：（010）64523633

经　　销：全国新华书店

印　　刷：北京中石油彩色印刷有限责任公司

2023 年 3 月第 1 版　　2023 年 3 月第 1 次印刷

787×1092 毫米　 开本：1/16　 印张：10.25

字数：210 千字

定价：96.00 元

前 言

  天然气供应能力研究是国家能源引进、能源利用战略制定、保供对策制定的依据，是油公司油气业务发展方向、投资项目优化的依据，是天然气中游管道、储库建设、下游市场拓展的依据。

  "十二五"以来，我国供应气源由之前的单一常规气向常规气、非常规气（致密气、煤层气、页岩气）、进口管道气和进口 LNG 等多气源发展，已探明气田数量 300 余个，天然气进口国家 20 多个，供应量快速攀升，供应规模测算及统筹协调难度变大；同时，天然气市场需求对经济增长、能源消费构成、环境政策等社会因素敏感，社会因素不确定性大，需要进行多种复杂情景研究，并将研究结果及时反馈到供应端进行供气项目优化；随着天然气在国家经济发展、人民生活中的作用越来越重要，根据形势及时进行供需测算频率越来越高。伴随中国天然气大发展，笔者将从事天然气战略规划研究工作 15 余年的技术和经验汇集成此书，以期能为同行提供借鉴，为决策人员提供参考。

  本书主要介绍了天然气供应能力分析方法、天然气新增储量预测方法、天然气产量预测方法、天然气需求预测方法、天然气开发经济效益分析方法、天然气供气项目优化方法、天然气供需情景规划方法、天然气供需平衡分析方法、中国天然气供应规模分析软件及应用等内容。除介绍常规通用的方法之外，重点介绍笔者自研和改进的方法，这些方法及参数选择基于我国国情，适应中国天然气业务特点。通过集成天然气储量、产量、进口量、需求量预测方法和情景规划方法及供需平衡分析方法于一体编制的中国天然气供应规模分析软件，可以科学并快速地评价气田、气区、公司和国家不同层次天然气供应能力与供需平衡方案，通过实例测算介绍了软件的具体功能和操作方法。

  全书由赵素平策划提纲、主持编写和审定，参加编写或为本书提供素材的还有黄诚、陆家亮、唐红君、王亚莉、马惠芳、尹德来、刘丽芳、刘素民等。

  本书介绍的供应能力预测方法和软件涉及多学科、多领域，软件系统庞大，加之编者水平有限，难免存在不足之处，敬请读者批评指正。

CONTENTS

目 录

第一章　天然气供应能力分析方法

2020年9月22日，我国政府在第75届联合国大会上做出了力争二氧化碳排放在2030年前达到峰值，2060年前实现"碳中和"的承诺。在我国能源结构以煤为主、能源消费快速增长的背景下，利用低碳或非化石能源是降低碳排放的重要手段之一。受限于调峰能力、应用范围等因素，非化石能源短期内无法完全满足我国庞大的能源消费需求，而在等热值情况下，天然气的碳排放量比煤炭减少45%左右，因此，天然气作为最清洁的化石能源，是现阶段我国能源消费结构调整最现实的选择[1]。

天然气产业链包括上游供气、中游储运和下游利用，鉴于天然气易燃、气态等特点，决定了其运输、存储难度大，上游、中游、下游必须严格一体化协调发展。上游供应能力是天然气产业链各项基础设施建设的依据，是天然气产业链协调运行的根本保障，也是制定国家能源发展战略的重要基础，科学评价供应能力有利于天然气产业链的同步推进，有利于能源供应安全布局，事关国计民生，意义重大。

国外一些跨国石油企业和咨询机构如BP公司、IHS集团和国际能源署（IEA）等经过数年，形成了自己的成熟方法和模型，能够对全球天然气供需进行预测，但由于管理模式、发展阶段和数据库完善程度不同，测算方法和指标取值与国内差别较大，如IHS公司的模型基于盆地资源规模序列法和固定的开发指标进行预测，灵活性满足不了国内专业研究需要，BP公司和壳牌公司等的模型特点为全球性宏观分析，针对具体国家和地区研究精度不够，美国能源信息署（EIA）的NEMS模型基于钻井数进行预测[2]，需要庞大的以井为基础的数据库支持，其方法和模型不适用于我国天然气数据资料特点和预测流程。针对我国天然气上游与下游单项研究技术较多，缺乏一体化评价模型和软件，本章通过全面分析影响天然气供应能力的关键因素及各因素间的制约关系，建立了供应能力测算数学模型，确定了适合我国经验的天然气供应能力分析流程，并以情景规划思路研发了配套软件，解决了国外模型软件不适应、国内模型软件缺乏的问题。

第一节　国外天然气供应模型分析

一、能源系统分类

通过对国内外全球或区域供气模型的全面调研可以看出，目前国际上比较成熟的能源预测系统所涉及内容涵盖面十分广泛，各个能源预测模型在结构、功能和方法上大同小异，基本上都考虑了包括新能源在内不同能源类型的供给和需求两方面因素，同时考虑了宏观经济和自然环境等外部驱动因素对能源供需的影响作用。

按能源预测模型的构建方法，可以将模型分为[3]：（1）数据外推模型。从数据关系进行外推预测，但缺乏能源过程机理的考虑。（2）集成结构模型。反应变量之间的关联和影响，建模过程相对复杂。

按建模思路，可分为：（1）自顶向下模型。利用经济学模型描述能源价格、经济弹性和能源消费及生产的关系，但缺乏技术进步对经济影响的考虑。（2）自底向上模型。多采用（非）线性规划理论，详细描述能源生产和消费过程中所用工程技术的影响，但缺乏政策对宏观经济影响的考虑。（3）混合模型。融合上述两种建模方法的优点，成为构建能源模型的趋势（表1-1）。

表1-1 主要能源模型的分类

模型	研究方法	主要功能	特点	典型代表模型	开发机构
自顶向下模型	计量经济学方法；一般均衡理论；线性规划理论	适用于能源宏观经济分析；能源政策规划的制定	采用经济学方法，便于提供经济分析；不能详细地描述技术；反映了被市场接受的可行技术；利用大量的数据来预测；低估了技术进步的潜能；不能控制技术进步对经济的影响；通过经济指标决定能源需求，但是强调能源供给的变化	CGE	目前许多国家都有自己的CGE模型
				3Es-model	NUT（日本）
				MACRO	IIASA
				GEM-E3	NTUA（欧盟）
自底向上模型	线性规划理论；非线性规划理论；多目标规划理论；系统动力学方法；投入—产出方法	能源技术选择策略研究；能源技术对环境的影响分析；能源供需预测；能源技术的成本分析；能源政策分析	利用工程学方法，不擅长经济分析；对技术有详细的描述；反映了技术的潜力；高估了技术进步的潜能；利用分散的数据详细地描述供给技术，但是强调能源消费的变化；直接评价技术选择的成本；假设能源部门和其他部门的关系可以忽略	MARKAL	ETSAP/IEA
				MESSAGE	IIASA
				EFOM	欧盟
				MEDEE	IEPE（法国）
				ERIS	PSI、NTUA和IIASA
				LEAP	SEI（瑞典）
				AIM	NIES（日本）
				INGM	EIA
混合模型	线性规划理论；非线性规划理论；混合整数规划方法；计量经济学方法	能源供需预测；能源政策分析；能源环境措施分析；能源技术的演化及成本分析	综合了上述两种模型的优点，既充分考虑技术选择的成本，又考虑了价格弹性的作用，是对整个能源系统的模拟和分析；便于进行更详尽的能源经济分析；研究范围多是全球的、区域的或国家的；功能比较齐全，结构比较复杂，是对现实能源系统进行模拟和仿真的复杂巨系统	NEMS/WEPS+	EIA/DOE（美国）
				IIASA-WEC E3	IIASA和WEC
				PRIMES	JOULE（欧盟）
				POLES	JOULE（欧盟）
				MIDAS	JOULE（欧盟）
				WEM	IEA

1. 自顶向下模型

CGE 模型基于一般均衡理论，主要模拟能源、环境与经济之间的互动影响，应用广泛，在能源贸易、环境及税收政策分析方面有优势，其中美国普渡大学的 GTAP 模型用于全球贸易分析。

GEM-E3 模型是由欧盟研发的动态、递归、模块化的能源模型，研究世界或欧盟的经济、能源和环境之间的内在关联，包括气候变化对能源、经济和环境的影响等多个政策分析工具。

2. 自底向上模型

MARKAL 模型是 IEA 研发的以技术为基础的能源市场分配长期动态线性规划模型，被全球数十个国家近百家研究机构使用，主要用于研究国家级或地区级的能源规划和政策分析。

国际天然气模型（INGM）为 EIA 提供模型演变、数据更新及参数精简等方面的支撑。INGM 是一个对全球 61 个国家和地区的天然气产量、天然气需求和未来趋势进行估计的一个工具。它对天然气的储量、资源量和开采成本、需求、加工和运输成本、存储成本进行估计，并用这些数据来对未来的产量、消费量和价格进行预测。

AIM 模型是日本 NIES 研发的能源终端消费模型，综合分析温室气体排放引起的气候变化及对环境、社会经济的影响，评价全球气候变暖对国家环境和社会经济的影响。

3. 混合模型

世界能源规划系统 +（WEPS+）是美国 EIA 研发的全球能源模型，为《国际能源展望 2011》（IEO2011）提供能源消费、价格和生产等方面的预测。同时，该模型文档丰富，使得能源分析家可以通过分析模型文档，对自己的预测模型进行增强、修改和精炼参数。

WEM 模型是国际能源署（IEA）研发的世界能源模型，为该机构《世界能源展望》提供能源消费、价格和生产的长期预测，同时模拟世界能源市场（包含温室气体排放模型）。

二、世界能源规划系统

世界能源规划系统 +（WEPS+）自 2011 年以来用于为国际能源展望提供能源消费、价格和生产等方面的预测。

完整的 WEPS+ 系统包含 3 个部分[4]，细节程度足够的历史能源数据库，能够预测不同部门能源需求、传输和供给的模型，以及调度数据、模型和系统运行的运行控制系统。WEPS+ 是个模块化的完整软件，模块之间能相互通信并协同工作。系统采用方法有基本的动态模拟，也有使用竞争技术确定市场份额的复杂的存量—流量模型。WEPS+ 建模系统使用了一个公共的共享数据库（restart 文件），使得所有的模型在多次迭代计算中，能够相互通信、按序执行。整个 WEPS+ 用的是迭代求解技术，使得消费量和价格同时收敛到一个相互平衡的解。

WEPS+ 是复杂的，它要求持续地发展和维护。WEPS+ 的核心模型能够完整地模拟国际能源系统，并包含了温室气体排放模型和政策模型。该系统也包含了能够执行预处理模型和多个后处理（如报表生成）模型。WEPS+ 目前的核心模块参见表 1–2。

表 1–2　WEPS+ 的核心模块

模型类型	模块
	宏观经济模块
需求模型	民用模块
	商用模块
	世界工业模块
	国际运输模块
传输模型	世界电力模块
	区域供暖模块
供给模型	石油模块
	天然气模块
	煤炭模块
	冶炼模块（第 1 和第 2 部分）
	温室气体排放模块
	主模块

WEPS+ 的每个模块独立运行，通过读写公共的共享数据文件（restart 文件）相互通信。系统从价格和消费量的"种子"值开始，由主模块判定系统是否收敛。如果系统没有收敛，则开始另一轮迭代；如果系统已收敛，则系统运行结束，并生成报表（图 1–1）。

三、世界能源模型（WEM）

IEA 的世界能源模型（World Energy Model，WEM）主要由最终能源消费模型、能源转换模型和化石燃料供给模型组成，其工作原理主要是用存量模型描述终端部门的能源结构，用动态仿真模型预测能源趋势[5]。图 1–2 和图 1–3 所示分别为 WEM 模型结构和该模型能源供给计算流程。

四、IHS 天然气能源模型

IHS 天然气能源模型的组成部分有能源需求模型、基于"供求平衡"的供给模型。IHS 天然气能源模型的工作原理是从需求量出发，按照不同地区的天然气定价策略（如政府定价、成本附加、市场净回值、市场主导），选择出最佳的供求组合❶。

---

❶ 《以能源促增长 2012 年最新能源展望报告》，IHS 剑桥能源研究协会。

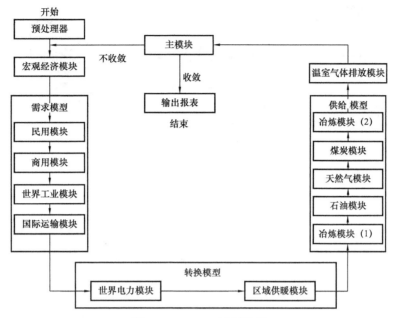

图 1-1　WEPS+ 运行流程

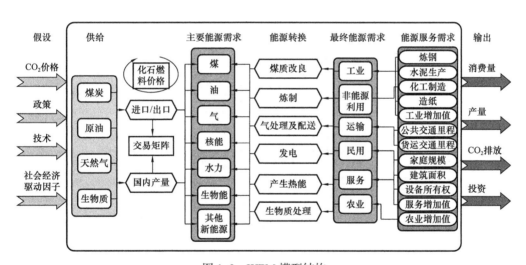

图 1-2　WEM 模型结构

其需求模型分为两个方面进行建模：一方面是"自下而上"的需求模型，它将需求分为居民、商业、电力和工业 4 个部门，通过汇总形成能源需求量；另一方面是"自上而下"的需求模型，根据国家总的能源形势，按照总的"能源和电力增长""GDP、人口增长""发电厂发电能力"来估算需求。

其中的天然气供给模型以需求为导向估算"供给"，通过对上游（产气）、中游（输气）的投资成本估算，对各个项目进行全面评估（项目进度安排、税前分析、财税文件、税后分析、期望值等），依据产量、投资/成本、管网传输能力、管输费、供给量、国家政策规划、天然气定价机制、有关的约束条件等数据选择适当的投资组合获得较好经济效益。

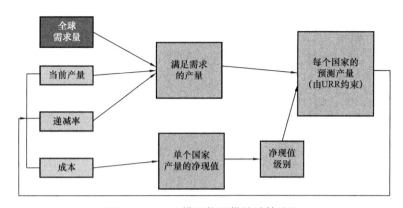

图1-3 WEM模型能源供给计算流程

URR—Ultimate Recoverable Resources，最终可采资源量

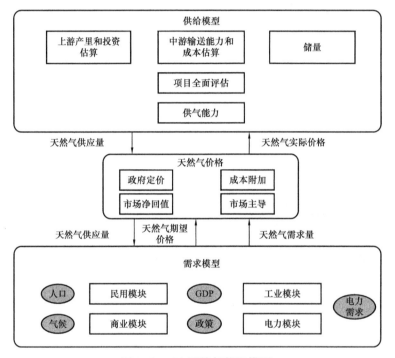

图1-4 IHS天然气能源模型

第二节 天然气供应能力的影响因素

鉴于我国天然气产、供、销特点，本书所述的天然气供应能力指国内气田生产能力、进口管道气、进口LNG能力之和扣除必要的损耗，能够供应给消费市场的能力。

影响天然气供应目标的因素可分为外部因素和天然气产业链内部因素。外部因素包括社会环境和能源环境，其中社会环境有国家政策、环境要求和经济发展情况等，能源环境包括可替代能源等。产业链内部因素主要是天然气上游、中游、下游影响因素，此

外还包括价格和技术等条件的约束，以及可持续发展、安全平稳供气等。从上述各因素
对天然气供应的影响来看，天然气需求和资源本身诸因素直接影响供应目标，而环境要
求、经济发展水平因素等影响天然气需求，资源、勘探开发技术、成本等是天然气供应
侧直接影响因素，价格和政策等因素既影响供应侧也影响需求侧（表1-3）。

表1-3　天然气供应能力影响因素

类别	影响因素	主要参数
需求侧	经济	经济增长率
	利用技术	能耗系数、单位GDP碳排放量
	替代能源	气替煤比例、其他能源规划比例
	环保	碳排放量
	政策	对能源消费构成要求、补贴、税收政策
	价格	价格
供应侧	资源	资源量、探明率、探明储量
	指标	开发指标（采收率、稳产期、递减率等）、安全平稳供气指标、可持续发展指标、商品率
	技术	技术进步因子
	成本、价格	出厂价格、生产成本、期间费用、税费等
	政策	补贴、税收优惠
	进口气	规模、价格

第三节　天然气供应能力分析

根据天然气供应能力内涵，分国产气、进口气（管道气+LNG）两种气源类型构建天
然气供应能力的分析流程图（图1-5）。

国产气供应能力按照探明储量和未来新增储量进行分析。探明储量供应能力，如果
已经编制气田开发方案或调整方案，气田开发指标采用方案指标，没有方案的气田开发
指标采用类比法确定。新增储量供应能力，首先需要对未来年度新增储量规模进行预测，
以资源量、资源类型、勘探规律和勘探指标为基础，测算未来增储潜力。评价已探明储
量和未来新增储量开发技术可行性，如果技术上能够开发，则通过开发指标测算产量潜
力和商品量潜力，并进行可靠性、经济性评价，通过设定优化原则优化建产项目，最后
累积各开发项目商品量之和扣除部分损耗即为国产气供应能力。

进口气按照已签合同和未签合同项目进行分析。对于有合同的项目按照合同约定给

出供应潜力，无合同的通过可靠性、经济性和战略性评价优选进口气新增项目，最终得出进口气供应能力。

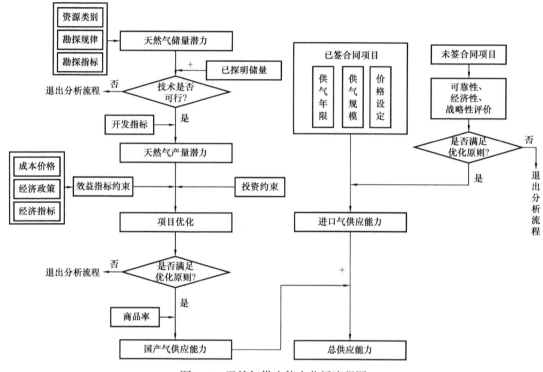

图 1-5 天然气供应能力分析流程图

天然气供应规模分析方法按供气来源、储量类别和气藏类型对供气项目进行分类，分别预测各自的天然气供气能力，汇总形成与中国天然气需求相平衡的有经济效益的供应量。天然气供应规模分析方法主要包括进口气供应能力分析方法和国产气供应能力分析方法。

一、天然气供气项目分类

天然气供应规模分析方法将供气来源分为国产气、天然气进口管道气和进口 LNG 三种供气项目类型。国产气项目按各大气区将探明气田和未来新增储量分类组织，其中探明气田或未来新增储量按气藏类型分为常规气、煤层气、致密气和页岩气等（图 1-6）。

二、进口气供应能力分析方法

进口气供应能力分析主要依据是已签合同和有供气意向的气源。我国签订的大多为照付不议合同，所以进口气供应能力主要是将已有合同和意向的项目按照合同协定供气量按照时间序列进行叠加，再考虑一部分现货交易量（图 1-7）。

进口气项目的供气参数可以包括起始年份、合同年限、年供气量、气价等，进口气参数多采用合同约定数值，其供气能力分析计算相对简单。

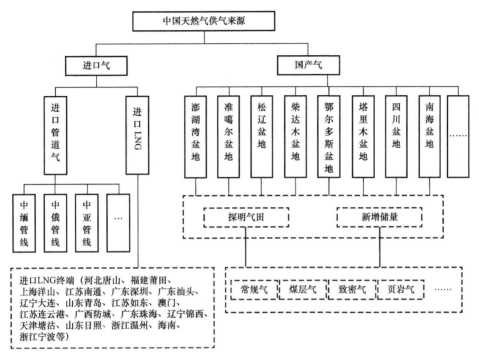

图 1-6　中国天然气供应项目构成

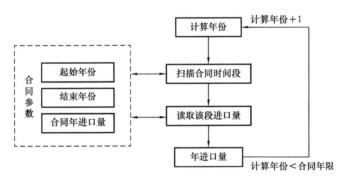

图 1-7　进口天然气量预测流程图

三、国产气供应能力分析方法

国产气供应能力分析方法的核心是基于已探明储量和未来新增储量进行产量潜力预测。本书设计模型时新增储量采用生命模型法（包括 HCZ 模型、Compertz 模型、Hubbert 模型、翁氏模型）进行储量预测，需要准备数据包括资源量、资源探明率和历史新增储量数据。

国产气产量预测方法主要包括资源采气速度法、生命模型法、储采比控制法、项目构成法等。其中项目构成法最精确，需要庞大的勘探开发数据支撑，适合专业预测，本书采用项目构成法研究思路，重点对具体评价参数和数学模型进行了构建，详见第三章。

第二章 天然气新增储量预测方法

天然气储量增长及变化特点预测决定天然气勘探的主要方向，同时更决定气田的具体开发决策，也直接关系到天然气开发规模及整体效益。近几年随着有关油气田开发钻探技术的日渐成熟，天然气新增储量预测方法也在不断创新与完善。天然气储量的预测方法主要有生命模型拟合法、功能模拟法、油气田规模预测法、勘探效益法和储产量双向控制法等，每种方法各有其预测特点和适用条件，需根据油气田所处地点的地质特征信息、油气田的勘探程度等特征选择最优方法或模型。

第一节 天然气储量影响因素

一、地质条件

1. 地质条件控制天然气富集区带的形成

一个天然气富集区带的形成必然是各种气藏地质条件综合作用形成的，而大多数大中型气田都分布于富集区带中（表2-1），正是这些大中型气田的发现实现了储量的快速增长。天然气富气区带的形成受生、储、盖、运、圈、保等成藏条件的控制。富气区带在中国主要含气盆地中都有分布，根据盆地形成的动力学研究成果，认为克拉通盆地与前陆复合盆地最适于天然气的富集；从烃源岩分布层系上看，石炭系、二叠系、三叠系和侏罗系的煤系烃源岩为主要成气基础；煤系的上下形成的大型圈闭有利于形成富气区带及大中型气田。

表 2-1 世界一些含气盆地（地区）气聚集带上气田数占盆地总气田数的比例

盆地或地区	在气聚集带上气田数量（个）	不在气聚集带上气田数量（个）	气聚集带上气田数量占总气田数量比例（%）
西西伯利亚盆地内带北区	53	5	91.4
维柳伊盆地	9	1	90
卡拉库姆盆地	105	7	93.8
英吉利盆地	13	1	86.7
阿科马盆地	210	20	91.3

盆地或地区	在气聚集带上气田数量（个）	不在气聚集带上气田数量（个）	气聚集带上气田数量占总气田数量比例（%）
圣胡安盆地	18	2	90
库珀盆地	90	7	92.8
二叠盆地	29	2	93.5

国内大型气田主要分布在鄂尔多斯盆地、四川盆地、塔里木盆地、松辽盆地、柴达木盆地、准噶尔盆地、东海盆地、琼东南盆地和珠江口盆地共 9 个盆地，其中，克拉通盆地和前陆盆地上多有大气田发育。截至 2018 年，国内发现探明天然气地质储量 $3000 \times 10^8 m^3$ 规模以上的大型气田 10 个，合计探明天然气地质储量 $6 \times 10^{12} m^3$，占大型气田累计探明地质储量的 57%，皆分布在克拉通盆地和前陆盆地[27]。

2. 大气田形成的地质条件研究促进了天然气储量的快速增长

形成大中型气田，除必须具备一般气田要求的生、储、盖、运、圈、保等基本条件外，还需各种地质因素的合理配置。地质条件配置合理，充注的天然气就丰富；配置条件不好，该构造带或岩性区就可能贫气。因此，各种区带中天然气地质静态要素相互配置的有效性，是大气田形成的关键因素之一（表 2-2）。

表 2-2 中国主要沉积盆地大型气田发育情况

盆地或区域	数量（个）	大型气田数量占气田总数比例（%）	大型气田地质储量（$10^8 m^3$）	占盆地储量总量比例（%）
柴达木盆地	1	7.1	1062	28.4
东海盆地	2	11.8	4128	71.5
琼东南盆地	1	16.7	1020	39.5
鄂尔多斯盆地	11	50	50230	93.5
四川盆地	10	7.4	30961	74.2
松辽盆地	1	1.9	2740	47.3
塔里木盆地	5	16.1	17707	78.4
渤海海域	1	2.2	1421	63.5
合计	16	6.2	18826.46	74.0

大气田的主控因素有力地指导中国大气田的发现，从而迅速提高了中国天然气的储量。例如，我国目前探明地质储量 $1000 \times 10^8 m^3$ 以上的有苏里格气田、安岳气田、靖边气田、大牛地气田和克拉 2 气田等 31 个大气田，在 5～14 年前均已作过科学的预测。大气

田探明地质储量占全国总储量的 73%，影响中国天然气产业发展方向。

地质条件的研究提高了对天然气成藏地质的认识程度，加快了天然气富集区带大型气田的发现速度，促进了天然气储量的大幅度增长。

综上所述，天然气区的形成受生、储、盖、运、圈、保等成藏条件的控制，如果地质条件配置合理，才能形成中大气田，可见地质条件是储量增长的基础。

二、勘探地质认识程度

油气勘探是一个反复实践、反复认识的过程，需要不断地总结经验教训，加深地质认识，掌握科学的理论应对复杂多变的油气藏。受客观因素影响，只有认清油气田的分布及其成藏条件、成藏机制的密切关系及其分布规律，才能找到相适应的、符合客观规律要求的勘探开发方针，有效地提高勘探成效，保证储量增长。

随着对盆地地质认识程度的提高，勘探思路也在发生改变，每一次正确的勘探思路的转变，均会促使储量的大幅度增长。勘探思路的转变包括从低缓构造向高陡构造的转换、以构造为主向构造—岩性复合为主的转换等。可见，勘探地质认识程度是储量增长的关键因素。

三、勘探技术进步

勘探实践证明，每一次技术进步，都会不同程度地带动探明储量的增长。要想提高勘探地质认识程度，离不开勘探技术的进步。勘探工作融合了地质、地震、测井、钻井、试油、分析化验等多项技术，随着勘探对象越来复杂，对勘探技术的要求也越来越高，要保持探明储量的稳定增长，在保证足够勘探工作量的基础上，提升勘探综合技术含量，是提高勘探成功率，提高探明储量的有效途径。在气藏勘探过程中，主要的勘探技术有地震资料采集、处理和解释新技术，储层横向预测技术，测井资料类别、处理和解释新技术，气层识别技术，气藏描述技术，钻井攻关和增产改造技术以及高陡构造侧钻中靶技术等，这些技术在含气盆地储量的增长过程中起到了至关重要的作用。

四、市场需求

根据国外天然气的勘探开发历程，可以看出，市场需求是储量增长的动力，储量增长和勘探工作量的高峰期与市场需求紧密相关，一旦市场需求增加，勘探的投资与工作量必然增加，就会导致新增储量大幅度地增加，从图 2-1 可以清晰地看出这种关系。

通常市场需求的大小受天然气价格、国民经济因素、能源消费结构、资源富裕程度、基础设施建设、市场竞争力和政策导向等的影响。

市场需求的大小和天然气价格关系非常密切。在市场经济中，天然气价格总是与供求联系在一起的。通常，天然气价格具有竞争能力，则能促使储量快速增长，反之亦然。因为天然气价格的高低是天然气生产者积极性和消费者选择能源的主要影响因素。天然气价格过低，天然气生产者就没有积极性。

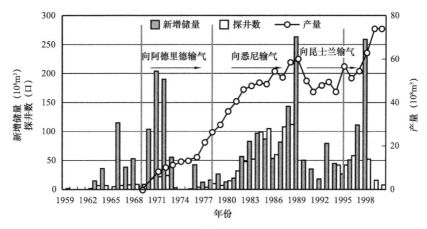

图 2-1　澳大利亚库珀盆地新增储量与市场发展的关系曲线

从图 2-2 可以看出，天然气的价格与储量之间不是简单的函数关系，在某些时候，随着天然气价格的增加，天然气的新增储量增大，而有时正相反，这与天然气的价格是否具有竞争力有关。如果天然气价格具有竞争力，那么天然气价格与储量增长就呈现正相关。

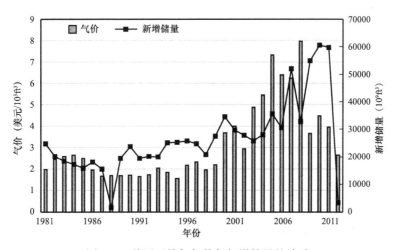

图 2-2　美国天然气气价与新增储量的关系

五、勘探投入和勘探工作量

进入 21 世纪以来，中国天然气增储的幅度逐步加大。2000—2008 年，天然气储量的平均增长量为 $5414 \times 10^8 m^3/a$，2009—2019 年，天然气储量的年增长量起伏较大，但平均增长量仍达 $7461 \times 10^8 m^3$。近几年，在勘查投入量保持上升的条件下，储量增长在 $8000 \times 10^8 m^3/a$ 以上。可以预测，在保障勘探投资的情况下，今后一段时间内天然气增储的动力仍比较充足，新增天然气储量在近期仍将处在高平台区[28]。

1. 新增探明面积

新增探明面积的增加，必然与新技术的进步、地质认识程度的飞跃有关，此时，一般通过增加勘探投资、增加勘探的工作量和应用新技术于新探区。通过对新探区的勘探，新增探明面积的增加，储量增长。例如，随着山地地震勘探技术的不断提高，使川东地区高陡构造成为有利勘探目标，实现了从低缓构造向高陡构造的转移，拓展了川东地区天然气的勘探领域，新增了探明面积，促进了天然气储量的持续增长。

2. 探井数

随着勘探进程的向前推进，探井数逐渐增加，探井工作量增加，提高了储量的发现及探明率（图2-3），保持适度的勘探工作量，将有利于保持一定的储量增长速度，并使勘探工作更加有效。

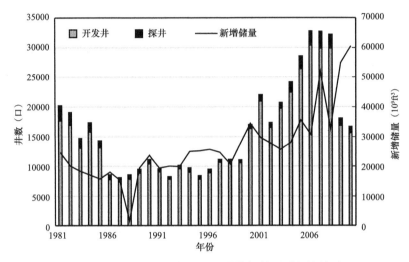

图 2-3　美国勘探井数、开发井数与储量增长的关系

3. 探井发现率和勘探工作量

地震勘探工作量的加大，提高了构造的落实程度；探井工作量的增加，提高了储量的发现及探明率，保持适度的勘探工作量，将有利于保持一定的储量增长速度，并使勘探工作更加有效。

正如前面所述，天然气勘探突破和发现是一个长期性的过程，也就是说，对某一盆地地质特点、成藏规律的认识和勘探技术的形成需要一个不断积累过程，因此，统计每年的勘探工作量投入与探明储量之间也许没有明显的正比例关系。但是，合理的勘探工作量投入是储量增长的重要保证这是不争的事实。而且，对主要勘探层系和领域达到一定认识程度，以及勘探技术基本形成的条件下，增大勘探工作量投入将使天然气探明储量同步快速增长。

统计美国勘探开发工作量与年新增储量之间的关系。经线性回归分析可得出地震队数与年新增储量的线性相关系数为0.2506，钻机数与年证实储量之间的线性相关系数是-0.0196。开发井井数与年新增储量之间的线性相关系数为0.5318，探井井数与年新增储量之间的线性相关系数为0.3391，都呈现出正相关性。

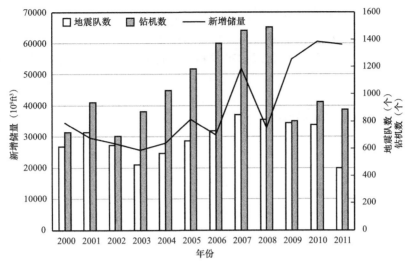

图 2-4　美国勘探工作量与储量增长的关系

因此，美国之所以能够保证储量的稳步增长，是因为以大量的勘探和钻井工作量作为后盾的。但由于与我们国家天然气发展所处时期的不同，其探井对储量的贡献极小，探井工作量的效益呈明显递减趋势，二维地震和三维地震工作量的效益长期不显著，储量增长主要靠开发井来维持。总之，随着大量的勘探地震和钻井工作量的进行对地层的认识程度不断的加深，储量的稳步增长是必然的结果。

六、投资、税收等政策

国家政策及领导决策等是储量增长的重要保证。国家是否制定实施对天然气工业发展的鼓励政策、天然气定价政策（包括井口价格、净化费、管输费），会促进天然气行业领导的决策，包括勘探开发技术基础性研究投入，勘探工作量的投入，市场、勘探思路的转变等，而这些又影响天然气储量的增长速度。近几年，国家对天然气生产环节企业的增值税和管道运输、企业的营业税，实行低税率；鼓励外商参与天然气开发、生产和管道运输投资，对外商投资企业所得税实行 15% 的优惠政策等。这些优惠政策在一定程度上推动了我国天然气工业的发展，进而推动储量的增长速度。

第二节　天然气储量预测方法与模型

本节主要介绍了天然气储量的常用预测方法，如生命模型拟合法、油气田规模预测法、勘探效益法和储产量双向控制法等。其中，生命模型通过储量增长历史的拟合，来预测未来趋势，主要适用于储量的近期预测；油气田规模预测法一般要求已发现的气田储量，按规模排序后能符合巴内托定律；勘探效益法则是将新增储量与探井的进尺、井数、井深和密度等之间的历史关系进行外推预测；而储产量双向控制法则以有效经济可采储量为控制变量，预测不同勘探投入下的可探明储量。

本节"功能模拟预测方法"部分中还给出了两种方法，分别是基于 GM（1，1）的灰色系统模型，以及利用神经网络集成多种储量影响因素的 ANN 预测模型，这两种方法也主要适用于短期预测。

一、生命模型拟合预测法

1. 哈伯特预测模型

1）基本原理

哈伯特预测模型是一个增长类型的模型，由美国人哈伯特（Hubbert）最初提出采用 Logistic 曲线进行油气储量预测[7]。

Logistic 曲线微分方程为：

$$\frac{\mathrm{d}y}{y\mathrm{d}t} = a\left(1 - \frac{y}{b}\right) \tag{2-1}$$

式中　y——模型函数；

　　　t——时间变量；

　　　a，b——模型参数。

积分后，可以得到哈伯特预测模型的函数表达式：

$$y = \frac{b}{1 + Ce^{-at}} \tag{2-2}$$

式中　C——模型参数。

2）模型应用

从哈伯特预测模型的函数表达式不难看出，当 $a>0$，$t \to \infty$ 时，$y \to b$，而 b 即是函数的极大值。

哈伯特预测模型为增长曲线模型，天然气累计储量随增长曲线趋势发展，因而，可以利用该模型预测天然气储量等油气田勘探开发指标，而事实上，该模型已经在能源勘探开发领域得到了广泛应用和基本的肯定。

根据模型，可以写出如下函数表达式：

$$N_{\mathrm{p}} = \frac{N_{\mathrm{R}}}{1 + Ce^{-at}} \tag{2-3}$$

式中　N_{R}——最终可探明资源量，$10^8\mathrm{m}^3$；

　　　N_{p}——第 t 年的累计探明储量，$10^8\mathrm{m}^3$；

　　　t——生产时间，a。

式（2-3）对时间 t 求导可得到预测期第 t 年探明储量 Q_t 的关系式：

$$Q_t = \frac{aCN_\mathrm{R}e^{-at}}{\left(1 + Ce^{-at}\right)^2} \quad\quad\quad (2\text{-}4)$$

当式（2-4）的 $dQ/dt=0$ 时，可求得油气田年度储量最高值的发生时间 t_m：

$$t_\mathrm{m} = \frac{1}{a}\ln C \quad\quad\quad (2\text{-}5)$$

把式（2-5）分别代入式（2-4）和式（2-3），得到油气田最高的年度储量 Q_max 及其发生时的累计储量 $N_{\mathrm{p\,max}}$ 的表达式：

$$Q_\mathrm{max} = \left(1/4\right)aN_\mathrm{R} \quad\quad\quad (2\text{-}6)$$

$$N_{\mathrm{p\,max}} = \left(1/2\right)aN_\mathrm{R} \quad\quad\quad (2\text{-}7)$$

利用哈伯特预测模型预测油气田的储量与时间的变化关系时，它是一个带峰值的函数，而且最高的储量（峰值）刚好发生在累计采出达到最终可探明资源量50%的时间。因此对于那些进入递减阶段的油气田，利用该模型可以得到相当满意的预测结果。

3）模型求解

为求解模型参数，将累计储量的函数表达式去对数转化成如下形式：

$$\ln\left(\frac{N_\mathrm{R}}{N_\mathrm{p}} - 1\right) = \ln C - at \quad\quad\quad (2\text{-}8)$$

可以看出，式（2-8）为 $\ln\left(\dfrac{N_\mathrm{R}}{N_\mathrm{p}} - 1\right)$ 和 t 的线性函数形式，采用最小二乘法便能近似估计出参数 $\ln C$ 和 $-a$ 的值，也就确定出了模型函数的参数值 a 和 C。

在模型参数确定完毕之后，可以再根据累计储量预测值 N_p，按照如下方式，得到年度储量的预测值：

第 t 年储量

$$Q_t = N_{\mathrm{p}\,(t)} - N_{\mathrm{p}\,(t-1)}$$

储量时间序列

$$Q = \{Q_1,\ Q_2,\ \cdots,\ Q_t\}$$

4）地质意义

哈伯特预测模型的参数 a 控制了模型曲线的张口大小，a 值大时曲线陡峭、张口小，表示评价单元的储量发现增长属于快上快下型，持续时间短，达到高峰后迅速下降；a 值小时曲线平缓、张口大，表明储量平缓增长，高峰时间长，有较长的生命周期。

2. 龚帕兹预测模型

1）基本原理

龚帕兹（Compertz）曲线是一种著名的生长曲线，一般具有如下的特点：在开始阶段增长缓慢，然后进入快速增长阶段，最后进入减速增长阶段。龚帕兹增长模型对 S 形增长规律的拟合预测较为适用[7]。

广泛应用于经济和油气资源增长的龚帕兹预测模型的一般函数表达式为：

$$y = e^{mn^t + c} \tag{2-9}$$

式中 y——增长信息函数；

　　m，n，c——模型参数，用于计算第 t 年的函数值 y。

该模型具有如下规律：当 $m<0$，$0<n<1$ 时，表示一个体系从形成到最后极限的过程；当 $m<0$，$n>1$ 时，表示一个体系从最大值到零的过程。

2）模型应用

在天然气勘探开发中，储量的增长符合 S 形增长规律，随时间累计探明储量从零逐渐接近可探明资源量，因此可选用龚帕兹预测模型来描述累计探明储量增长随时间的变化过程。

在具体应用于预测时，函数表达式可改写为：

$$N_p = e^{mn^t + c} \tag{2-10}$$

式中 N_p——第 t 年的累计探明储量，$10^8 m^3$；

　　m，n——模型参数。

式（2-10）对 t 求导，得到第 t 年的探明储量（Q）的预测模型：

$$Q = mn^t (\ln n) e^{mn^t + \ln N_R} \tag{2-11}$$

而年度储量最大值 Q_{max} 及其发生时间 t_{max} 可由以下推导过程得出：

$$\frac{dQ}{dt} = m (\ln n)^2 n^t e^{mn^t + \ln N_R} \left(1 + mn^t\right) \tag{2-12}$$

由于 $m<0$，$0<n<1$，要使 $\dfrac{dQ}{dt}=0$，则有：

$$mn^t = -1 \tag{2-13}$$

年度储量最大值及其发生时间为：

$$Q_{max} = \frac{-N_R \ln n}{2.718} \tag{2-14}$$

$$t_{max} = \frac{\ln(-m)}{\ln n} \tag{2-15}$$

3）模型求解

当 $t \to \infty$，$0 < n < 1$ 时，N_p 趋于最终的可探明资源量，mn^t 趋近于零，因此有：

$$N_R = e^c \tag{2-16}$$

其中，N_R 为最终可探明资源量，$10^8 m^3$。于是有：

$$N_p = N_R e^{mn^t} \tag{2-17}$$

对式（2-17）两边取两次对数，有：

$$\ln(\ln N_R - \ln N_p) = \ln(-m) + (\ln n)t \tag{2-18}$$

从式（2-18）可以看出，该式是一个 $\ln(\ln N_R - \ln N_p)$ 与时间 t 的线性关系式，通过最小二乘法可确定出 m 和 n 的估计值，由于 N_R 已知，模型参数 c 也就可以确定了。

在模型参数全部确定完毕之后，可以在得到累计储量时间序列值之后，按照如下方式，得到储量的时间序列预测值：

第 t 年储量

$$Q_t = N_{p(t)} - N_{p(t-1)}$$

储量时间序列

$$Q = \{Q_1, Q_2, \cdots, Q_t\}$$

3. 翁氏旋回预测模型

1）基本原理

翁氏旋回预测模型（泊松旋回模型）是对非再生性资源，用确定性生命旋回法预测其潜在储量的数学模型[8]。该模型是一个收敛模型，适合描述生命总量有限体系发展、消亡过程，其数学模型为：

$$Q = \frac{a\beta^\alpha}{\Gamma(\alpha)} t^{\alpha-1} e^{-\beta t} \tag{2-19}$$

式中　Q——第 t 年的油气储量，$10^8 m^3$；

　　　α，β——模型参数。

累计储量可以表示为：

$$N_p = \int_0^t Q dt \tag{2-20}$$

$$N_p = a \int_0^t \frac{\beta^\alpha}{\Gamma(\alpha)} t^{\alpha-1} e^{-\beta t} dt \tag{2-21}$$

2）模型应用

当时间趋于无穷的时候，N_p 趋近 N_R，有：

$$N_R = a\int_0^\infty \frac{\beta^\alpha}{\Gamma(\alpha)} t^{\alpha-1} e^{-\beta t} dt \qquad (2-22)$$

根据 Γ 分布的性质

$$\int_0^\infty \frac{\beta^\alpha}{\Gamma(\alpha)} t^{\alpha-1} e^{-\beta t} dt = 1 \qquad (2-23)$$

故有

$$a = N_R \qquad (2-24)$$

$$Q = N_R \frac{\beta^\alpha}{\Gamma(\alpha)} t^{\alpha-1} e^{-\beta t} \qquad (2-25)$$

令

$$C = N_R \frac{\beta^\alpha}{\Gamma(\alpha)} \qquad (2-26)$$

$$Q = Ct^{\alpha-1} e^{-\beta t} \qquad (2-27)$$

式（2-27）即为预测油气田储量随时间变化的 Γ 模型。累计储量可由式（2-28）计算得到：

$$N_p = C \cdot \sum_{j=1}^t t^{\alpha-1} e^{-\beta j} \qquad (2-28)$$

式中　N_p——第 t 年的累计储量。

最终可探明资源量（N_R）由式（2-29）计算得到：

$$N_R = C \frac{\Gamma(\alpha)}{\beta^\alpha} \qquad (2-29)$$

要计算年度储量最大值发生时间，对式（2-19）按时间 t 求导得到：

$$\frac{dQ}{dt} = Ct^{\alpha-2} e^{-\beta t} (\alpha - 1 - \beta t) \qquad (2-30)$$

根据 $\frac{dQ}{dt} = 0$，最高的年度储量发生的时间为：

$$t_M = \frac{\alpha - 1}{\beta} \qquad (2-31)$$

即油气田的年度储量将在第 t_M 年达到峰值。

根据式（2-31），当 $\alpha>1$ 时，$t_M>0$，即油气田年度储量变化存在单峰；

当 $\alpha=1$ 时，$t_M=0$，即油气田的最高年度储量发生在 $t=0$ 处；

当 $\alpha<1$ 时，$t_M=0$，即油气田的最高年度储量发生在 $t<0$ 处，在 $t>0$ 的条件下，储量随时间持续递减。

因此，翁氏模型当 $\alpha>1$ 时，适用于油气田年度储量变化存在单峰的情况；$\alpha\leq1$ 时，适用于油气田投产后年度储量持续递减的情况。

对应的最高年度储量为：

$$Q_{\max}=C\left(\frac{\alpha-1}{\beta}\right)^{\alpha-1}e^{1-\alpha} \tag{2-32}$$

3）模型求解

在预测年度储量的式（2-25）中，令 $a=\dfrac{\beta^{\alpha}}{\Gamma(\alpha)}$，$b=\alpha-1$，公式变换为：

$$Q=N_R at^b e^{-\beta t} \tag{2-33}$$

式中 a，b，β——模型参数。

求解式（2-33）时，首先两边取对数并变换为线性公式：

$$\ln\left(\frac{Q}{N_R t^b}\right)=\ln a-\beta t$$

在上述线性公式中，如果先给定了参数 b 的值，那么就能通过线性回归，求出其他两个参数 a 和 β 的值，代入式（2-33），就得到一个储量的预测模型。通过计算模型预测值与年度储量历史数据之间的误差，可以得出该模型的拟合度。

为了简单快速求解式（2-33），可采用一维搜索的优化方法，首先，给定 b 的一个初值，用上述方法，得到一个储量预测模型；然后，将 b 值按一定步长进行增加或减少，新的 b 值得到新的预测模型，这时就按预测误差减小的方向搜索 b 的最优值。b 的最优值以及 b 最优时的 a 和 β 的值，就是模型参数的最终值。

4）地质意义

翁氏旋回预测模型为非对称的预测模型，该预测模型函数曲线表现为上升比较迅猛，但衰减形态较为平缓。其中，模型参数 β 控制该预测模型函数曲线曲线的张口，β 值小时，曲线张口大，评价单元的勘探开发持续时间长；β 值大时，曲线张口小，评价单元的勘探开发持续时间短。模型参数 b 控制曲线的形态，b 值大时，曲线形状较为陡峭，表示评价单元的勘探开发力度大，年度储量迅速达到高峰，但高峰时间很短，年度储量会快速跌落；b 值小时，曲线形状较为平缓，表示评价单元的勘探开发历程较长，年度储量缓慢上升，达到高峰后能够持续较长的时间，之后年度储量会以更为平缓的形势下降。

4. 胡陈张预测模型

1）基本原理

油气田开发过程中储量的发现一般表现出增长、稳产和递减三个生命期，其累计储量时间曲线（N_p—t）呈 S 形，累计储量 N_p 变化率不是常数[9]，有：

$$\frac{\mathrm{d}N_p}{N_p\mathrm{d}t} = f\left(N_p, t\right) \quad (2\text{-}34)$$

已知 $\mathrm{d}N_p/\mathrm{d}t = Q$ 故式（2-34）可写为：

$$\frac{Q}{N_p} = f(t) \quad (2\text{-}35)$$

通过对国内外大量油气田开发资料的统计研究，得到任何油气田的年度储量与累计储量比 Q/N_p 与其勘探时间 t 之间存在着相当好的半对数直线关系，即：

$$\lg\frac{Q}{N_p} = A - Bt \quad (2\text{-}36)$$

式中 A，B——模型参数。

对式（2-36）进行变换，可得预测油气田累计储量的计算公式为：

$$N_p = N_R \mathrm{e}^{\left(-\frac{a}{b}\mathrm{e}^{-bt}\right)} \quad (2\text{-}37)$$

其中 $a = 10^A$，$b = 2.303B$，N_R 为最终探明储量或可采储量，a 和 b 为模型参数。

对式（2-37）求导可以得到预测油气田储量模型为：

$$Q = aN_R \mathrm{e}^{\left(-\frac{a}{b}\mathrm{e}^{-bt} - bt\right)} \quad (2\text{-}38)$$

2）模型应用

对式（2-38）求导 $\mathrm{d}Q/\mathrm{d}t = 0$，必须有 $a\mathrm{e}^{-bt} - b = 0$，故最高储量发生的时间为：

$$t_m = \frac{1}{b}\ln\frac{a}{b} \quad (2\text{-}39)$$

即第 t_m 年出现最高储量，最高储量 Q_{max} 的值为：

$$Q_{max} = \frac{bN_R}{\mathrm{e}} = 0.3679bN_R \quad (2\text{-}40)$$

式中 Q_{max}——油田最高储量，$10^4\mathrm{t}$（油）或 $10^8\mathrm{m}^3$（气）。

3）模型求解

为确定模型参数，对式（2-37）两次求取对数，得到线性化方程：

$$\ln\left(\ln N_R - \ln N_p\right) = \ln\frac{a}{b} - bt \tag{2-41}$$

根据油气田的实际生产数据,由式(2-41)的线性回归求得截距 A 和斜率 B 之后,再分别求得模型参数 a 和 b,在 a 和 b 值确定之后,由式(2-40)预测计算出不同时间的储量。

二、功能模拟预测方法

在局部预测方法中,使用效果比较好且最为常用的功能模拟主要是灰色系统模型(通常称之为微分模拟系统模型)和神经网络模型等。

1. 灰色系统模型

1)基本原理

灰色预测模型称为 GM 模型。GM(1,1)表示一阶单变量的微分方程形式的预测模型,是一阶单序列的线性动态模型,主要用于时间序列预测[7]。关于灰色系统模型(灰色理论),目前人们的认识并不统一,但都一致认为灰色系统模型对具有指数变化性质的普通时间序列比较有效。因而,将原始数据作下述的累加处理后,可以使得灰色系统模型在具有指数变化性质的时间序列上进行分析。由于灰色系统模型在处理随机变化数据上的优势(化随机为规律),因而在不同领域中都得到了广泛应用,当然也包括油气田勘探开发领域。

设有数列 $x^{(0)}$ 共有 n 个观测值 $x^{(0)}(1)$,$x^{(0)}(2)$,$\cdots x^{(0)}(n)$,对 $x^{(0)}$ 作累加生成,得到新的数列 $x^{(1)}$,其元素

$$
\begin{aligned}
x^{(1)}(i) &= \sum_{m=1}^{i} x^{(0)}(m) \qquad i = 1, 2, \cdots, n \\
x^{(1)}(1) &= x^{(0)}(1) \\
x^{(1)}(2) &= x^{(0)}(1) + x^{(0)}(2) \\
&= x^{(1)}(1) + x^{(0)}(2) \\
x^{(1)}(3) &= x^{(0)}(1) + x^{(0)}(2) + x^{(0)}(3) \\
&= x^{(1)}(2) + x^{(0)}(3) \\
&\vdots \\
x^{(1)}(n) &= x^{(1)}(n-1) + x^{(0)}(n)
\end{aligned}
\tag{2-42}
$$

从序列 $x^{(1)}$ 中可看出其已具有指数变化的规律。如果原始序列的随机性过大,通过一次累加得到的序列尚不具有明显的指数变化规律,也可进行第二次累加。事实上,任何随机序列经过多次累加,理论上都可以达到 100% 的指数变化规律。当然,在实际应用中,一般只需一次累加即可达到要求,进而可建立起模型白化(由离散转换为连续)后的微分方程:

$$\begin{cases} \dfrac{\mathrm{d}x^{(1)}(t)}{\mathrm{d}t} + ax^{(1)}(t) = u \\ x^{(1)}(t) = x^{(0)}(1) \end{cases} \tag{2-43}$$

以上微分方程的解又称为时间响应，为：

$$x^{(1)}(t) = \left[x^{(1)}(1) - \frac{u}{a} \right] \mathrm{e}^{-at} + \frac{u}{a} \tag{2-44}$$

其中 a 和 u 为模型系数。

2）模型应用

已知某油气田天然气储量时间序列上 n 个时间点数据，应用灰色系统模型（微分模拟）预测油气田天然气储量变化趋势时，将储量时间序列 $Q_t^0 = \{Q_1^0, Q_2^0, \cdots, Q_n^0\}$ 进行一次累加，得到：

$$Q_t^1 = \left\{ \{Q_1^0\}, \{Q_1^0 + Q_2^0\}, \{Q_1^0 + Q_2^0 + Q_3^0\}, \cdots, \{Q_1^0 + Q_2^0 + Q_3^0 + \cdots + Q_n^0\} \right\}$$

不难看出时间序列 Q_t^1 具有近似的指数变化规律，于是有：

$$Q_t^1 = \left(Q_1^1 - \frac{u}{a} \right) \mathrm{e}^{-at} + \frac{u}{a} \tag{2-45}$$

而 $Q_1^1 = Q_0^0$，因而有：

$$Q_t^1 = \left(Q_0^0 - \frac{u}{a} \right) \mathrm{e}^{-at} + \frac{u}{a} \tag{2-46}$$

3）模型求解

对于 $Q_t^1 = \left(Q_0^0 - \dfrac{u}{a} \right) \mathrm{e}^{-at} + \dfrac{u}{a}$，采用最小二乘法估计，可以方便求出系统参数 a 和 u。

这样即可得到需要预测的时间点 t 上储量的累计预测值，即累计探明储量或累计产量。

累计探明储量时间序列：

$$Q_T = \left\{ Q_1^1, Q_2^1, \cdots, Q_t^1 \right\}$$

t 时间点新增探明储量：

$$Q(t) = Q_t^1 - Q_{t-1}^1$$

新增探明储量时间序列：

$$Q = \left\{ Q(1), Q(2), \cdots, Q(t) \right\}$$

从灰色系统的原理和构成不难看出，它最大的缺点在于没有将资源量融入到模型中，因而它仅能对局部（短期）预测有良好效果，可以很好用于局部储量配置，不能用于全局规划。

2. 神经网络模型

1）基本原理

人工神经网络是一种模仿生物大脑的结构和功能的数学模型或计算模型，它的一个重要特性是能够从环境中学习，并把学习的结果分布存储于网络的突触连接中。神经网络的学习过程是，相继给网络输入一些样本模式，并按照一定的规则（学习算法）调整网络各层的权值矩阵，待网络各层权值都收敛到一定值。学习过程结束后，人工神经网络的结构被固定下来，作为预测模型对未来的趋势进行预测。

"预测"神经网络模型，通常采用"三层"BP网络（图2-5），BP网络相邻层之间各神经元进行全连接，而每层各神经元之间无连接，第一层为输入层，第二层为中间层（中间层可以多于一层，多层与三层的功能原理相同），第三层为输出层。

图2-8中的BP人工神经网络有m个输入U_1，…，U_m，经输入层结点传递到中间层；中间层有p个神经元，输入层结点i与中间层神经元j的连接权值是w_{ij}，中间层神经元j的阈值是θ_j，中间层神经元的输出传递到输出层；输出层有n个神经元，中间层神经元j与输出层神经元l的连接权值是v_{jl}，输出层神经元l的阈值是γ_l，输出层将生成n个最终的网络输出X_1，…，X_n。理论证明，任一连续函数都可由一个三层BP网络来实现[10]。

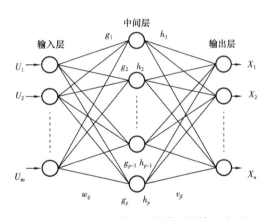

图2-5 三层BP神经网络模型结构示意图

BP神经网络按有监督方式学习。假设用于训练的学习样本有N对，每对学习样本包括实际的输入U_1，…，U_m和实际的输出$\overline{X}_1$，…，$\overline{X}_n$）。将一对样本提供给网络后，得到网络的输入并中间层和输出层最终得到网络输出X_1，…，X_n，算出该网络输出与实际输出之间的误差，N对样本的误差汇总形成网络全局误差，然后沿着全局误差减小的方向，从输出层经中间层逐层修正各连接权值，最后回到输入层。

上述过程反复迭代进行，直至网络全局误差趋向给定的极小值，即完成学习的过程。BP神经网络完成学习后，就可以将预测阶段的输入送入到该网络中，得到相应的输出数据，进而实现BP神经网络的预测功能。

通常，BP神经网络选用的神经元激励函数$f(x)$是Sigmoid型函数：

$$f(x) = \left(1 + e^{-x}\right)^{-1} \tag{2-47}$$

中间层各个神经元的输入和输出由以下公式计算：

输入

$$g_j = \sum_{i=1}^{m} w_{ij} \cdot U_i - \theta_j \quad (i=1,2,\cdots,m; \ j=1,2,\cdots,p)$$

输出

$$h_j = f\left(g_j\right) \quad (j=1,2,\cdots,p)$$

输出层各个神经元的输入和输出：

输入

$$m_l = \sum_{j=1}^{p} v_{jl} \cdot h_j - \gamma_l \quad (j=1,2,\cdots,p; \ l=1,2,\cdots,n)$$

输出

$$X_l = f\left(m_l\right) \quad (l=1,2,\cdots,n)$$

N 个样本参加训练完后，该网络的全局误差为：

$$E_{总} = \frac{1}{2} \sum_{k=1}^{N} \sum_{l=1}^{n} \left(\bar{X}_l^k - X_l^k\right)^2 \tag{2-48}$$

式中　　k——样本序号；

　　　　$\bar{X}_l^k$——第 k 个样本的第 l 个实际输出值。

采用最速梯度下降法对网络进行多层误差修正学习，可以使网络全局误差向减小的方向变化。具体的权值和阈值的修正方法如下：

（1）计算各神经单元的一般化误差。

输出层各单元一般化误差：

$$d_l^k = \left(X_l^k - \bar{X}_l^k\right) \bar{X}_l^k \left(1 - \bar{X}_l^k\right)$$

中间层各单元一般化误差：

$$e_j^k = \left(\sum_{l=1}^{n} d_l^k \cdot v_{jl}\right) h_j^{\ k} \left(1 - h_j^{\ k}\right)$$

（2）用输出层单元一般化误差 $\{d_l^k\}$ 与中间层单元输出 $\{h_j^k\}$，修正权值 $\{v_{jl}\}$ 及阈值 $\{\gamma_l\}$。

$$v_{jl}\left(q+1\right) = v_{jl}\left(q\right) + \eta \sum_{k=1}^{N} d_l^k h_j^k \tag{2-49}$$

$$\gamma_l\left(q+1\right) = \gamma_l\left(q\right) + \eta \sum_{k=1}^{N} d_l^k \tag{2-50}$$

式中　q——迭代次数；

　　　η——学习率。

特别地，学习率决定了参数向最优值逼近的速度。如果学习率过大，可能会跳过最优值；如果学习率过小，收敛速度会太慢。通常，学习率可根据误差程度进行人为调整。

（3）用中间层单元一般化误差 $\{e_j^k\}$ 与输入层单元输入 $\{U_i\}$，修正权值 $\{w_{ij}\}$ 及阈值 $\{\theta_j\}$。

$$w_{ij}\left(q+1\right) = w_{ij}\left(q\right) + \eta \sum_{k=1}^{N} e_j^k U_i^k \qquad （2-51）$$

$$\theta_j\left(q+1\right) = \theta_j\left(q\right) + \eta \sum_{k=1}^{N} e_j^k \qquad （2-52）$$

重复以上学习给定的模式，直到网络收敛到一个给定的误差允许值。

2）模型应用

对于油气田天然气储量预测，采用神经网络模型就必须明确参与神经网络训练的变量。

输入变量：

第 t 年的影响因素 $U\left(t\right) = \left(U_1\left(t\right), U_2\left(t\right), \cdots, U_m\left(t\right)\right)^{\mathrm{T}}$

其中，$U_i\left(t\right)$ 是第 t 年的第 i 个影响因素（$i=1, 2, \cdots, m$），如以下示例：$U_1\left(t\right)$—勘探工作量，m；$U_2\left(t\right)$—探井数，口；$U_3\left(t\right)$—投入成本，万元。

输出变量：

第 t 年的预测变量 $X\left(t\right) = \left(X_1\left(t\right), X_2\left(t\right), \cdots, X_n\left(t\right)\right)^{\mathrm{T}}$

其中，$X_i\left(t\right)$ 是第 t 年的第 i 个预测变量（$i=1, 2, \cdots, n$），如以下示例：$X_1\left(t\right)$—年新增储量，$10^8\mathrm{m}^3$；$X_2\left(t\right)$—产量，$10^8\mathrm{m}^3$。

导入如上变量时间序列到神经网络模型中，采用计算机反复迭代运算即可得到满足给定误差允许值的变量之间的关系与权值和阈值，再将预测时间点的输入变量按照最优关系权值与阈值进行计算，即可得到预测值。

同灰色系统模型一样，神经网络模型尤其更注重"远小近大"的影响原则，输入序列时间点越近，对预测结果的影响就越大，但是它依然没有将资源量作为控制因素。就其有点而言，它有效地反映了当前状况下的变量变化情况，且反映良好，但对于远期整体态势的描述缺乏考虑。

三、其他储量预测方法

1. 油气田规模序列法

1）基本原理

国内外许多含油气区的统计资料表明，当一个含油气区的一些油气田被发现后，如果以油气田规模为纵坐标，以油气田规模的序号为横坐标，在双对数坐标纸上展点作图大致可以得到一条直线。

根据这一规律，可以在探区的早中期勘探阶段，由已发现油气田的规模序列，预测尚未发现的油气田储量以及整个探区的油气总储量，这种预测方法称为油气田规模序列法[7]。

齐波夫（G.P.Zipf）于1949年在他所著的《人类行为与最小省力原则》一书中提出一种规律：对一组离散型随机变量，按取值由大到小进行排列，如果最大的数值是第二大数值的2倍，是第三大数值的3倍，依此类推，则称这组离散型随机变量服从齐波夫定律。

实际上，齐波夫定律是巴内托（Pareto）于1927年所提出定律——巴内托定律的特例。巴内托定律的表达如下：

$$\frac{Q_m}{Q_n} = \left(\frac{n}{m}\right)^k \tag{2-53}$$

式中　Q_m——序号等于 m 的随机变量（第 m 个油气田的储量）；

　　　Q_n——序号等于 n 的随机变量（第 n 个油气田的储量）；

　　　k——油气田规模变化率，实数；

　　　m，n——油气田序列号，为整数序列（1，2，3，…）中的任一数值，但 $m \neq n$。

对式（2-53）两边取对数，则有：

$$(\lg Q_m - \lg Q_n)/(\lg m - \lg n) = -k \tag{2-54}$$

油气田规模序列法的实质是根据已发现的油气田储量，应用巴内托定律预测一个含油气地区中尚未发现的油气田储量以及全区总储量的一种外推预测方法。虽然世界上多数含油气区的油气田规模序列在一定程度上符合巴内托定律，然而，迄今尚不能从油气形成理论上圆满地解释油气田规模序列的地质成因。但是，许多事实说明，任何地质过程都受概率法则支配，所以对于一个含油气地区的油田规模序列形成的原因，暂时可以从统计规律方面去理解。

巴内托定律适用于一个完整的、独立的油气田体系（如区带），该体系内的油气生成、运移、聚集以及其后的地质变迁都在同一石油地质演化历史条件下发生，且评价单元中至少已有3个以上被发现的油气田。

2）评价流程

在评价过程中需要确定的重要参数是最大油气田规模和油气田规模变化率 k。

第1步，确定或设定 k 值。

由熟悉地质情况的地质专家商定或设定一个范围分若干个间隔进行拟合计算，求得值（$0.5 < k < 2.0$）。

第 2 步，求取序列 A_i。

若评价区已探明 t 个油气田，油气田储量 Q_i（$i=1$，2，$\cdots$，t）由大到小进行排列，得到如下序列 A_i：

$$A_i = \sqrt[k]{\frac{Q_i}{Q_1}} \qquad (i=1,2,\cdots,t) \qquad （2\text{-}55）$$

第 3 步，求取油气田规模预测模型序列。

将序列 A_i 中的每个元素乘以某一正整数 n（$n=1$，2，$\cdots$），当 $b=A_i \times n$ 最大限度接近正整数 1，2，3，$\cdots$ 时，记 λ 下面矩阵得：

$$\begin{bmatrix} b_{11} & b_{12} & \ldots & b_{1t} \\ b_{21} & b_{22} & \ldots & b_{2t} \\ \vdots & \vdots & \ddots & \vdots \\ b_{m1} & b_{m2} & \ldots & b_{mt} \end{bmatrix} \begin{matrix} \approx 1 \\ \approx 2 \\ \vdots \\ \approx m \end{matrix} \qquad （2\text{-}56）$$

第 4 步，计算矩阵中各行的标准偏差 σ_h（其中 h 是行号）

计算公式为：

$$\sigma_h = \sqrt{\frac{1}{t}\sum_{i=1}^{t}\left(b_{hi} - \overline{b_h}\right)^2} \qquad （2\text{-}57）$$

其中

$$\overline{b_h} = \frac{1}{t}\sum_{i=1}^{t} b_{hi}$$

当计算至矩阵中的第 m 行的标准差 σ_m 小于给定误差时（一般情况下误差为 0.01～0.05），有：

$$b_{mi} = A_i n_i = \sqrt[k]{\frac{Q_i}{Q_1}}\, n_i \approx m \qquad （2\text{-}58）$$

即有：

$$\frac{Q_i}{Q_1} \approx \left(\frac{m}{n_i}\right)^k$$

第 5 步，预测最大油气田储量 $Q_{\max}$。

以第 4 步的计算结果为基础，把矩阵 m 行作为该评价区内油气田规模的预测模型序列。已发现油气田的储量 Q_i（$i=1$，2，$\cdots$，t）乘以预测序号 n 的 k 次幂，即为预测的最大油气田储量，以平均值作为最终取值，计算公式如下：

$$Q_{\max} = \frac{1}{t}\sum_{i=1}^{t} Q_i n_i^k \qquad （2\text{-}59）$$

第6步，预测评价区的最终探明储量 S_Q。

$$S_Q = \sum_{i=1}^{p}\left(\frac{Q_{\max}}{i^k}\right) \qquad (2-60)$$

其中，p 为最小经济油气田储量对应的油气田规模预测序列号。

上述的计算结果是经过数学运算后得出的预测值，是否符合实际的地质情况，还需要由熟悉含油气地区地质情况的地质学家商榷。

2. 勘探效益法

目前我国油气勘探面临的现实是：随着油气勘探的深入和勘探程度的不断提高，未发现的剩余油气资源量不断降低，勘探成功率不断下降，勘探成本不断升高；同时，油气价格的大范围波动，使具有工业价值资源量的预测难度加大。因此，如何准确预测剩余油气资源，同时又能体现勘探效益，降低勘探风险，是石油投资者和油气资源评价工作者孜孜以求的目标。

1）基本原理

某探区的勘探效益是指该探区在一定的勘探投入下能得到的勘探成果的多少（即发现多少储量），是该探区油藏规模分布、油气丰度等客观因素以及勘探技术水平等主观因素的综合体现[11]。勘探投入包括多项内容，如重力勘探、磁法勘探、地震勘探、钻探、测井、录井、试油以及其他有关的勘探投入，由于各种勘探投入都是围绕钻探而展开的，它们之间存在相对固定的比例关系，因此可用探井的多少（或进尺）来代表勘探投入，而勘探效益则可以用单位钻探投入所能发现的地质储量来表示。用单位探井工作量，而不是单位时间或金钱所发现的油气量作为勘探效益的度量的好处在于，对于固定的探区，勘探效益的好坏直接与勘探技术的高低和地质认识程度有关，而对经济条件变化的影响不敏感。另外，在实践中可以根据勘探效益的变化情况来确定饱和钻探（即投入等于产出）时的工作量以及所能发现的储量。对于某探区，较常见的勘探效益变化模型包括：Hubbert 的生命旋回理论模型；Arps 等的发现过程模型；Hubbert 1967 年的模型等。后两个模型的原理基本相同，即对某探区而言，勘探效益的变化呈指数下降。Walls 在分析前人研究成果的基础上，采用了能提供勘探效益变化的发现过程模型：

$$y(t) = a_0 e^{a_1 z(t)}\left[1 - e^{a_2 x(t)}\right] \qquad (2-61)$$

式中　$y(t)$——累计储量，$10^4 t$ 或 $10^8 m^3$；

　　$x(t)$——累计钻探量，m；

　　$z(t)$——其他干扰因素，如技术进步、经济、市场条件及地质认识等；

　　a_0，a_1，a_2——待定参数。

2）方法应用

勘探效益法是根据过去发现情况的外推，采用统计学分析方法来预测将来的发现情况。勘探效益法主要适用于成熟探区的评价。最常用的统计资料包括相对于勘探钻井进尺、勘探井数或勘探时间的油气发现总量。勘探效益法常用于描述油气发现量与探井进尺、探井井数、发现年份、探井井深以及探井密度之间的关系。假如过去的勘探趋势能持续下去，则可将这类历史资料拟合成的曲线进行外推，并从中确定待发现的资源量。

在对历史资料的拟合过程中主要采用下降曲线模式（指数下降曲线和双曲线型下降曲线）和累计曲线模式（指数下降曲线和双曲线型下降曲线）两个模型，只是后者将油气的累计发现量与可表示为探井进尺、探井数或时间的勘探工作量建立起联系。

指数下降曲线模型可表述为：

$$y=ae^{bx}$$

双曲线型下降曲线模型可表述为：

$$y=a/x^b$$

式中　　a，b——根据历史资料用回归分析估计出的常数；

　　　　y——油气量；

　　　　x——以探井进尺、探井数或时间表示的勘探工作量。

勘探效益法根据所用的资料情况可以分为探井进尺发现率法、探井数发现率法和年发现率法。

3. 储产量双向控制法

石油勘探开发科学研究院万吉业[12]于1994年提出"资源量—储量—产量"的控制预测及其反馈评价系统，在有效经济可采资源量基础上，以资源量控制预测不同勘探投入（方案）下的可探明储量，再以此基础分别控制预测新区和老区的规划产量。

1）基本原理

（1）预测规划期年产油（气）量与所需储量增长的关系。

编制中长期生产规划时，年产油（气）量的变化值有时按等差级数计算，但在实际应用中用得较多和较方便的是按等比级数，即指数递增或递减关系计算，则规划期间第 t 年的产油（气）量为：

$$Q_t=Q_0D^t \tag{2-62}$$

式中　　Q_t——第 t 年的油气产量，10^4t 或 10^8m^3；

　　　　Q_0——规划期前一年的油气产量，10^4t 或 10^8m^3；

　　　　D——年递增或递减率。

$$D = \left(\frac{Q_t}{Q_0}\right)^{\frac{1}{t}} \tag{2-63}$$

由式（2-62）积分得出：

$$\Delta N_p = \int_0^t Q_t \mathrm{d}t = \int_0^t Q_0 D^t \mathrm{d}t = Q_0 \frac{D^t}{\ln D_0} \bigg|_0^t = \frac{Q_0}{\ln D}\left(D^t - 1\right) \qquad （2-64）$$

将式（2-63）代入式（2-64），得规划期的阶段累计产油（气）量：

$$\Delta N_p = \frac{Q_0}{\ln\left[\left(\dfrac{Q_t}{Q_0}\right)^{\frac{1}{t}}\right]}\left(\frac{Q_t}{Q_0} - 1\right) \qquad （2-65）$$

式中　Q_0——规划期前一年的产量，$10^4 t$ 或 $10^8 m^3$；

　　　　Q_t——规划期第 t 年的产量，$10^4 t$ 或 $10^8 m^3$；

　　　　t——规划期时间（$t=1, 2, \cdots, n$），a；

　　　　D——规划期年递增或年递减率；

　　　　ΔN_p——规划期阶段累计产量，$10^4 t$ 或 $10^8 m^3$。

（2）规划期间剩余可采储量的增减量。

规划期间剩余可采储量增减量 ΔN_{RR}，为规划期末的剩余可采储量（$Q_t R_t$）减去规划期前的剩余可采储量（$Q_0 R_0$）即：

$$\Delta N_{RR} = Q_t R_t - Q_0 R_0 \qquad （2-66）$$

式中　ΔN_{RR}——规划期间剩余可采储量的增减量，$10^4 t$ 或 $10^8 m^3$；

　　　　R_0, R_t——规划期前和期末剩余可采储量的储采比或剩余可采储量的采油速度的倒数。

（3）规划期间需新增投入开发的可采储量与年产量的关系。

对于已开发区，规划期间需新增开发的可采储量 ΔN_R，为期间累计产量 ΔN_p 与期间剩余可采储量增值 ΔN_{RR} 之和，即式（2-65）与式（2-66）之和便为规划期末年产量（Q_t）与需新投入开发可采储量的关系式：

$$\Delta N_R = \frac{Q_0}{\ln\left[\left(\dfrac{Q_t}{Q_0}\right)^{\frac{1}{t}}\right]}\left(\frac{Q_t}{Q_0} - 1\right) + \left(Q_t R_t - Q_0 R_0\right) \qquad （2-67）$$

对于老开发区，年产量与所需新增可采储量关系的计算中还应减去规划期间老区调整挖潜增加的可采储量。

对于纯粹新区，年产量与需新增可采储量关系的算法如下。

由于新区规划期末年产量（Q_X）为其剩余可采储量除以储采比，故可直接得出需新增可采储量与年产量的迭代关系式：

$$Q_X = \frac{\Delta N_{RX} - Q_X \dfrac{t}{2}}{\dfrac{E_R}{v_D} - \dfrac{t}{2}} \qquad (2\text{-}68)$$

式中 ΔN_{RX}——纯粹新区规划期间需要的可采储量，10^4t 或 10^8m³；

v_D——已动用地质储量的采油速度。

（4）规划期间的新增地质储量。

规划期间的新增地质储量包括新增动用地质储量和新增探明地质储量，新增动用地质储量为新增可采储量除以采收率，即：

$$\Delta N_d = \frac{\Delta N_R}{E_R} \qquad (2\text{-}69)$$

新增探明地质储量为新增动用地质储量除以探明储量在相应油价下的可开发动用率：

$$\Delta N = \frac{\Delta N_d}{\delta} \qquad (2\text{-}70)$$

式中 ΔN_d——规划期间需新增的动用地质储量，10^4t 或 10^8m³；

ΔN_R——已开发区规划期间需要的可采储量增量，10^4t 或 10^8m³；

E_R——动用或可动用地质储量的采收率；

δ——探明地质储量的开发动用率；

ΔN——规划期间需新增的探明地质储量，10^4t 或 10^8m³。

2）方法应用

储产量双向控制法实际应用中，根据方法原理，按规划期逐阶段或逐年度进行迭代计算，其方法流程如图 2-6 所示。

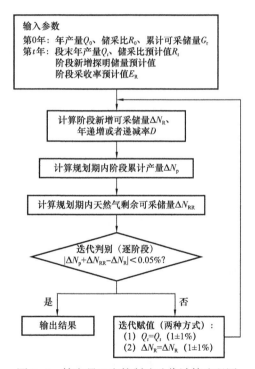

图 2-6　储产量双向控制法迭代计算流程图

第三章 天然气产量预测方法

天然气能否实现安全、稳定、持续的供应，与国家能源安全息息相关。我国天然气产量与需求量的缺口愈加增大，保障国内天然气稳定供应已成为我国天然气产业的重要使命。我国天然气产业布局的基础是天然气产量，预测天然气中长期产量趋势对天然气产业发展具有重要意义。

本章简述了影响天然气产量的多个因素，并阐述了以生命模型为基础的天然气产量预测方法，这些方法适用于天然气产量的中长期预测。

在本章第三节提出的勘探开发系统模拟法，借鉴了美国 NEMS 的计算原理，综合考虑探井数、发现率、采气速度、钻井投资和气价等变量，逐年迭代计算年剩余可采储量和年产量。该方法考虑的因素多、精度较高，主要适用于短期预测。

本章第四节提出了基于气田开发特点的项目构成法，该分析模型充分考虑了气田特点和开发指标，所需参数多、需要庞大的勘探开发数据支撑，适合专业预测。

第一节 天然气产量影响因素

一、气藏地质条件

气藏的地质条件是决定天然气产量决定性因素。目前天然气储量大类可分为常规气、致密气、页岩气、煤层气，不同类别储量可支持产量规模差距较大，陆上大型常规气田百亿立方米地质储量可支持产量规模在 $2 \times 10^8 \sim 4 \times 10^8 m^3$、致密气田百亿立方米地质储量可支持产量规模在 $1 \times 10^8 \sim 3 \times 10^8 m^3$、页岩气田百亿立方米地质储量可支持产量规模在 $1 \times 10^8 \sim 2 \times 10^8 m^3$（表 3-1）；我国天然气剩余未动用储量规模大，但部分储量目前技术条件下无法转化为产量。

二、天然气储产状况

储产状况通常用储采比来衡量，储采比是指上年末剩余可采储量与当年产量的比值，表达的是当年末的剩余可采储量以当年产量进行开采可维持的生产年限，是一个变化着的动态数据，它的高低，既与资源禀赋条件和产量有关，又与一个国家的经济技术条件和工业化发展程度有关，并随着勘探开发阶段而变化，储采比值高预示有产量增长潜力，值过低表明储量增长不能满足需求，产量将递减（图 3-1），天然气储产状况是产量增长重要因素。

单位：$10^8 m^3$

表 3-1 2020 年底全国天然气已探明储量构成

气藏类型	气田	地质储量			技术可采储量			高峰产量	百亿立方米地质储量可支持产量规模
		合计	已开发	未开发	合计	已开发	未开发		
常规气田	克拉 2 气田	2840.29	2840.29	0.00	1988.20	1988.20	0.00	110	3.9
	迪那 2 气田	1752.18	1752.18	0.00	1138.92	1138.92	0.00	49	2.8
	涩北一号气田	990.61	990.61	0.00	535.99	535.99	0.00	22	2.2
	涩北二号气田	826.33	826.33	0.00	432.96	432.96	0.00	20	2.4
	榆林气田	1807.50	1519.21	288.29	1244.38	1049.06	195.32	50	2.8
	普光气田	3798.28	2424.49	1373.79	2665.58	1658.64	1006.94	65	1.7
页岩气田	威远页岩气田	4276.96	1838.95	2438.01	1045.14	435.65	609.49	45	1.1
	长宁页岩气田	4446.84	945.38	3501.46	1111.71	236.34	875.37	56	1.3
	涪陵页岩气田	7926.41	4469.79	3456.62	1816.23	1075.82	740.41	77	1.0
低渗透—致密气田	苏里格气田	20665.55	15912.47	4753.08	10842.55	8369.48	2473.07	230	1.1
	靖边气田	9033.86	8048.13	985.73	5191.11	4708.41	482.70	55	0.6
	神木气田	3333.89	1893.79	1440.10	1673.28	952.46	720.82	39	1.2
	元坝气田	2925.58	1004.75	1920.83	1393.75	484.59	909.16	34	1.2
	大牛地气田	4819.55	3564.45	1255.10	2194.91	1618.07	576.84	32	0.7

纵观世界不同国家天然气储采比的状况及历史变化过程，早期储采比非常高，但市场一旦启动，储采比将大幅度下降。目前，除苏联、中东和非洲地区一些天然气资源非常丰富的国家外，大部分国家和地区的储采比都在 60 以下。通过对 10 多个有快速发展、稳定发展阶段的国家不同发展阶段统计结果表明上产期储采比一般大于 20，稳产阶段至少在 10 以上。

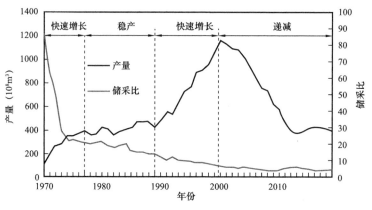

图 3-1　英国天然气发展阶段及历程

三、新技术应用

科技进步是天然气产量增长的推动力，随着技术进步，大量的难动用储量不断投入开发，天然气类型不断增加，夯实天然气资源基础，保证全球天然气产量持续增长，如美国依靠科技进步推动页岩气成功开发，影响了全球天然气供应格局（图 3-2），中国苏里格气田和大牛地气田等致密气开发技术进步，使得中国天然气供应能力大幅增加。

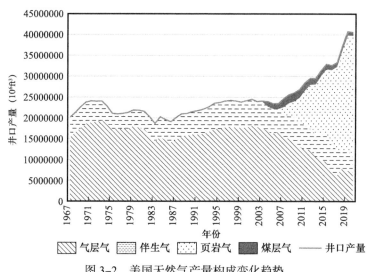

图 3-2　美国天然气产量构成变化趋势

四、市场需求

市场需求是天然气产量增长的直接动力，天然气价格、国民经济因素、人口因素、产业结构因素、能源消费结构都直接影响总产量的增长。随着世界天然气一些重要基础设施建设项目投入使用，天然气可以大量地运抵更广泛的地区，一些国家的天然气消费量迅速增长，使世界天然气消费量在能源消费结构中所占份额逐步扩大。2019 年疫情前，世界天然气消费量比 2018 年增长 3.4%，天然气进出口贸易量比上年增长 4.9%，而同年石油的贸易量增长幅度为 -0.3%，远低于天然气的贸易量增速。

近年来，中国天然气需求呈爆炸式增长，平均增速达 11%～13%，2021 年我国天然气表观消费量已达到 $3726 \times 10^8 m^3$，同比增长 12.7%，保持上涨趋势。截至 2022 年 3 月，我国天然气供需缺口 $1673 \times 10^8 m^3$，进口依赖度达到 40.96%。不过，这个大缺口有望通过国际天然气贸易得到填补。

随着中国经济的快速发展，今后一段时间内天然气供需紧张状况将日渐突出。近一两年，川渝地区已经出现天然气供应紧张的局势。解决全国性天然气供应紧张问题，一方面要十分重视天然气产能、输配气管网建设，优化资源配置，保证天然气供应；另一方面，则要加强天然气需求管理意识，今后需要高度重视天然气需求管理的研究。

今后 20 年将是中国天然气市场发展最为迅速的时期，国内天然气需求年均增长率将超过 10%，到"十四五"末国内天然气总需求量将在 $3000 \times 10^8 m^3$ 以上。据预测，未来中国的天然气供应将呈现 4 种格局：西气东输，西部优质天然气输送到东部沿海；北气南下，来自中国北部包括引进的俄罗斯天然气，供应南部的环渤海、长三角和珠三角等区域；海气登陆，一方面是近海地区中国自己生产的天然气输送到沿海地区，另一方面是进口液化天然气优先供应沿海地区；此外，各资源地周边地区就近利用天然气。

需求量的旺盛必然刺激产量的大幅增长，目前我国面临着供不应求的局面，因此，除了增加国内产量外，天然气进口也是缓解需求矛盾的一条很好的途径。

五、开发投入

投资及开发投入对产量增长至关重要。加大开发阶段的钻井投资，增加开发井数量，产量自然增加；提升开发技术水平，同样促进天然气产量的增长，井网井距就会明显影响产量，开发水平及采气工艺技术水平的提高，为气田稳产、高产也发挥了重要作用。

六、国家政策、领导决策及其他因素

国家政策包括能源生产利用政策和补贴税收政策等，领导决策包括能源公司发展战略和投资决策等。

能源生产利用政策和战略方案等指导能源发展方向。我国自 2014 年以来陆续发布了系列天然气政策，包括 2014 年 5 月国家发展和改革委下发的《关于保障天然气稳定供应长效机制的若干意见》，明确了我国将建立保障天然气稳定供应长效机制，提出到2020年天然气供应能力力争达到 $4200 \times 10^8 m^3$；同年6月，国务院办公厅印发的《能源发展战略行动计划（2014—2020年）》中提出，到2020年，天然气在一次能源消费中的比重将提高到10%以上；2017年1月国家发展和改革委对外发布的《天然气发展"十三五"规划》提出，到2020年我国天然气综合保供能力应达到 $3600 \times 10^8 m^3$ 以上，天然气消费占一次能源消费比例达到8.3%~10%；2017年7月4日，由13部委联合印发的《关于加快推进天然气利用的意见》是目前我国唯一一份由13个部委联合发布的针对天然气行业发展的文件，意见明确指出要"将天然气培育成我国现代清洁能源体系的主体能源之一"，这是继《天然气发展"十三五"规划》后，再一次从国家层面确立了天然气的主体能源地位。自2017年以来，天然气市场化改革不断提速，国家政策密集发布，大力支持与推进天然气开发利用，对今后较长一段时间内天然气行业发展产生重要影响，也刺激国内天然气开发利用步入新的快车道。

能源补贴税收政策、投资决策等影响能源发展规模。如美国《原油意外获利法》第29条提出，对1980年到1993年期间钻探，并于2003年之前生产和销售的非常规气实施税收减免，减免幅度为0.12元 $/m^3$，而1989年美国天然气价格仅为0.41元 $/m^3$，鼓励众多的中小企业投入页岩气开发，迅速规模化生产。我国推行非常规气政策补贴后，致密气、页岩气产量规模迅速增加，已经成为天然气重要接替资源。

第二节　常用天然气产量预测方法与模型

天然气产量的宏观预测常用生命模型法，该类方法基于石油峰值理论，利用数学函数模拟天然气产量的变化趋势，通过天然气历史产量拟合确定函数模型参数，本质上属于时间序列分析的一种方式。生命模型法适用于中长期预测，参数少、精度较低。

由此，本节第二部分提出基于灰色系统和基于神经网络的组合模型，将生命模型的参数改由灰色系统或者神经网络拟合确定，能够克服传统线性拟合精度不高的缺点。

在本节第三部分，提出了一种结合层次分析的天然气产量预测方法，除了天然气产量历史数据以外，还引进了盆地类型、生气条件和储集条件等静态影响因素，以及投资及工作量、市场需求、探井数和投产井数等动态影响因素，对这些因素进行层次分析、赋予权重，结合产量历史序列分析，实现多因素下的天然气产量预测。

一、生命模型预测法

传统的生命模型预测方法通过拟合产量历史数据，建立描述产量数据增长趋势的数学方程以预测未来，其中的模型参数起着控制型曲线形态的作用，可采储量可代入方程作为总量控制参数，而其他因素（价格、技术进步等）对产量变化的影响可综合考虑，用可采储量以及采收率的变化来反映。

1. 哈伯特模型

哈伯特（Hubbert）模型应用于天然气产量预测时，采用公式：

$$Q_p = \frac{N_R}{1 + Ce^{-at}} \qquad （3-1）$$

式中　N_R——可采储量，$10^8 m^3$；

　　　Q_p——第 t 年的累计产量，$10^8 m^3$；

　　　a，C——模型参数。

为求解模型参数，将式（3-1）求对数转化为：

$$\ln\left(\frac{N_R}{Q_p} - 1\right) = \ln C - at \qquad （3-2）$$

可以看出，式（3-2）线性函数形式，采用最小二乘法便能近似估计出参数 $\ln C$ 和 $-a$ 的值，也就确定出了模型函数的参数值 a 和 C。

在模型参数确定完毕之后，可以根据模型预测累计产量，相邻时间的累计产量相减得到年度的预测产量。

2. 龚帕兹模型

龚帕兹模型在具体应用于天然气产量预测时，函数表达式可写为：

$$Q_p = N_R e^{mn^t} \qquad （3-3）$$

式中　m，n——模型参数。

对式（3-3）两边取两次对数，有：

$$\ln\left(\ln N_R - \ln N_p\right) = \ln(-m) + (\ln n)t$$

通过线性回归确定了模型参数之后，可以根据模型预测累计产量，相邻时间的累计产量相减得到年度的预测产量值。

二、组合模型预测法

传统的生命模型拟合预测方法通过拟合产量历史数据，建立描述产量数据增长趋势的数学方程以预测未来，其中的模型参数起着控制曲线形态的作用，不能直接对应影响产量增长的实际因素如勘探开发投入、新技术进步、价格等，即不能在拟合及预测时引入产量增长实际影响因素。目前的主要解决方法是将可采储量代入方程作为总量控制参数，而其他因素（价格、技术进步、勘探工作量等）对产量变化的作用被综合考虑进可采储量或采收率。

本节给出一种功能模拟方法（灰色系统、神经网络）与传统生命模型组合的新方法。

通过历史产量数据分段拟合，得到生命模型的参数序列；利用灰色系统进行参数寻优，找到历史数据趋势最佳描述的参数组，以该参数组建立生命模型；神经网络方法还能在参数寻优时，引入动态影响因素的历史数据，更准确地找到历史产量趋势的最佳描述参数组。

1. 基于灰色系统的组合模型

由于灰色系统模型最大的缺点在于没有将天然气产量预测关键参数——可采储量融入模型中，即便灰色系统本身较好的拟合精度，也无法描述油气田中长期的客观存在大致发展规律，它仅能对局部时间序列（短期）预测有良好效果，可以很好用于局部产量配置，不能有效应用于全局规划。另外，生命旋回数学模型却能较好客观反映油气田储产量变化大致趋势。由于生命旋回数学模型对整段时间序列进行拟合，而油气田产量变化往往比较剧烈，造成时间序列生命性规律强度不足，模型预测精度大打折扣。同时，生命旋回数学模型对时间序列的规律性依赖较大，对于异常点较多的我国油气田产量时间序列而言，纯粹的生命旋回模型拟合误差较大，模型系数可靠性随着数据异常性的增大而变小。为找寻最优的模型系数，本次研究将灰色理论引入哈伯特模型，提出了灰色—哈伯特预测方法，该方法不但有效运用到灰色理论拟合效果好的优点，也将成熟的生命旋回模型进一步优化，得到全局更优的预测结果。

传统哈伯特模型应用于油气田产量预测的函数表达式为：

$$Q_t = \frac{Q_p}{1 + Ce^{-at}} \tag{3-4}$$

式中　Q_p——最终的可采储量，$10^8 m^3$；

　　　Q_t——第 t 年的累计产量，$10^8 m^3$；

　　　a，C——模型参数。

在此将（a，C）称为模型参数对，简称参数对。从函数表达式不难发现，真正决定累计产量时间序列走向的主要有三个参数：最终可采储量、模型参数 a、模型参数 c。在较长一段时间内，最终可采储量是由探明储量和采收率确定，为一个相对常量，这就是说，哈伯特模型真正需要确定的参数就是参数对（a，C）。灰色—哈伯特模型就是要改进参数对的确定方法，其基本思想是将参数对的一次性原始数据拟合确定更改为参数对发展趋势确定。即是说，从前的方法直接由原始数据拟合出原始数据的发展趋势，而改进的方法在于找寻参数发展的趋势，根据参数发展的趋势再确定原始时间序列发展趋势。具体方法如下：

根据原始数据时间序列 $\{(Q_t^1, Q_p^1), (Q_t^2, Q_p^2), \cdots, (Q_t^n, Q_p^n)\}$，由哈伯特模型及最小二乘法，可以得到哈伯特模型参数对序列：

$$A = \left\{ (a_3, C_3), (a_4, C_4), \cdots, (a_n, C_n) \right\}$$

其中，(a_i, C_i) 由时间序列 $\{(Q_t^1, Q_p^1), (Q_t^2, Q_p^2), \cdots, (Q_t^i, Q_p^i)\}$ 通过哈伯特模型得到，具体的实现方法在传统哈伯特模型部分已经阐述，不再复述。

对于参数对序列 A，可将其拆分为：

$$A_1 = \{a_3, a_4, \cdots, a_n\}$$

$$A_2 = \{C_3, C_4, \cdots, C_n\}$$

根据灰色系统模型 GM（1，1），将 A_1 和 A_2 带入灰色系统模型（灰色系统模型部分已作阐述，不再复述），即可得到发展趋势参数对 (a_{n+1}, C_{n+1})，即 (a, C)。将发展趋势参数对 (a_{n+1}, C_{n+1}) 反带回哈伯特模型，有：

$$Q_t = \frac{Q_p}{1 + C_{n+1}e^{-a_{n+1}t}} \tag{3-5}$$

式中　Q_p——最终的可采储量，$10^8 m^3$；

$\quad\quad Q_t$——第 t 年的累计产量，$10^8 m^3$。

2. 基于神经网络的组合模型

与灰色系统模型类似，由于单纯依赖时间序列，传统的神经网络方法尽管具有优秀的拟合能力，但难以引入油气田产量考察中所必须考虑的因素——可采储量。考虑取长补短，新模型将神经网络方法与哈伯特模型相结合，运用神经网络来掌控哈伯特模型参数的变化规律。具体办法如下：

与灰色—哈伯特预测方法类似，根据原始数据时间序列

$$\{(Q_t^1, Q_p^1), (Q_t^2, Q_p^2), \cdots, (Q_t^n, Q_p^n)\}$$

由哈伯特模型及最小二乘法，可以得到哈伯特模型参数对序列：

$$A = \{(a_3, C_3), (a_4, C_4), \cdots, (a_n, C_n)\}$$

其中，(a_i, C_i) 由时间序列 $\{(Q_t^1, Q_p^1), (Q_t^2, Q_p^2), \cdots, (Q_t^i, Q_p^i)\}$ 通过哈伯特模型得到，具体的实现方法在传统哈伯特模型部分已经阐述，不再复述。

对于参数对序列 A，可将其拆分为：

$$A_1 = \{a_3, a_4, \cdots, a_n\}$$

$$A_2 = \{C_3, C_4, \cdots, C_n\}$$

采用 3 层 BP 神经网络模型，将 A_1 和 A_2 带入神经网络预测模型（神经网络预测模型部分已作阐述，不再复述），即可得到发展趋势神经网络模型预测参数对 (a_{n+1}, C_{n+1})，即 (a, C)。具体计算步骤如图 3-3 和图 3-4 所示。

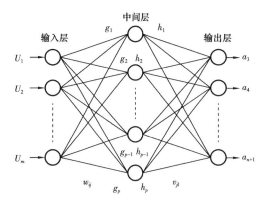
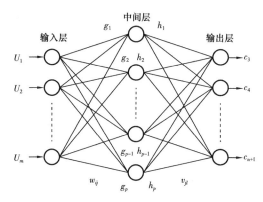

图 3-3 确定参数 a_{n+1} 神经网络结构图　　图 3-4 确定参数 C_{n+1} 神经网络结构图

输入变量：

第 t 年的影响因素 $U(t) = (U_1(t), U_2(t), \cdots, U_m(t))^{\mathrm{T}}$

其中，$U_i(t)$ 是第 t 年的第 i 个影响因素（$i=1, 2, \cdots, m$），如以下示例：$U_1(t)$—勘探工作量，m；$U_2(t)$—探井数，口；$U_3(t)$—投入成本，万元。

输出变量：预测变量

$$A_1 = \{a_3, a_4, \cdots, a_n, a_{n+1}\}$$

$$A_2 = \{C_3, C_4, \cdots, C_n, C_{n+1}\}$$

将发展趋势参数对（a_{n+1}, C_{n+1}）反代回哈伯特模型，有：

$$Q_t = \frac{Q_p}{1 + C_{n+1}\mathrm{e}^{-a_{n+1}t}} \qquad (3-6)$$

式中　Q_p——最终探明储量，$10^8\mathrm{m}^3$；

　　　　Q_t——第 t 年的累积探明储量，$10^8\mathrm{m}^3$。

如上两种方法对哈伯特模型已然存在的参数进行了调整，降低了参数变化给预测带来的异常，也降低了异常数据直接参与预测的风险。

三、影响因素分析法

传统的产量预测方法基本仅能依据产量时间序列，采用机理分析和统计分析两种方法，前者用经典的数学工具分析现象的因果关系，后者以随机数学为工具，通过大量的预测变量观察数据寻求统计规律，例如哈伯特模型、广义翁氏模型等。正因为传统的预测方法仅基于预测变量（产量）历史时间序列，而无法将切实存在的影响因素考虑到预测模型中，预测结果可信度大打折扣。

在气田勘探开发过程中，有许多制约产量发展的因素，例如盆地类型、生气条件、储集条件、盖层条件、配置关系、勘探思路及勘探技术、投资及工作量、市场需求、探井数、投产井数等。按照表征方式，部分影响因素有历史数据，而部分影响因素没有量化的历史数据。为将各种不同类型的影响因素引入产量预测模型中，可将影响因素分为静态影响因素和动态影响因素，前者指在油气田开发过程中无法用时间序列量化表征的影响因素，例如盆地类型、生气条件、储集条件、盖层条件、配置关系、勘探思路及勘探技术、投资及工作量等，后者指具有时间序列表征的影响因素，例如探井数、投资、工作量等。

1. 静态影响因素权重

静态影响因素的权重是影响因素对预测变量（产量）的预测值所产生的影响程度。那么影响因素的权重又是如何合理体现在预测趋势结果中的呢？对于哈伯特模型、广义翁氏模型等模型而言，模型中无法直接引进影响因素的时间序列，同时，静态影响因素也不具备时间序列。鉴于此，系统首先采用统计分析法给出影响因素对预测变量的权重估计，在此基础上通过层次分析法等专家干预手段给出最终的影响权重。这样不仅保证了预测变量历史发展的规律性，也将专家意见有效引入，确保预测的有效性和权威性。

假设：$Q(i)$ 为时间序列上第 i 年的年产量实际值（$10^8 \mathrm{m}^3$），$Q_a(i)$ 为其传统预测模型预测值（$10^8 \mathrm{m}^3$），如果预测精度达到 100%，那么有：

$$Q(i) = Q_a(i) \times (1 \pm C(i)) \qquad C(i) = 0 \qquad (3\text{-}7)$$

式中，$C(i)$ 是预测误差幅度。事实上，预测误差幅度 $C(i) \neq 0$，而 $C(i)$ 的产生就是影响因素引起。系统取误差幅度序列平均值为引入影响因素填补误差权重参考值，有效降低预测误差。即系统给定的影响因素权重范围的确定办法如下：

令 $E \in [-e, +e]$，E 是影响因素权重。

$Q = \{Q(1), Q(2), \cdots, Q(n)\}$，年产量实际时间序列；

$Q_a = \{Q_a(1), Q_a(2), \cdots, Q_a(n)\}$，年产量预测时间序列。

那么

$$e = \left[\sum_{i=1}^{n} |(Q_a(i) - Q(i))| / Q(i) \right] / n$$

因而

$$E \in \left[-\frac{\left[\sum_{i=1}^{n} |Q_a(i) - Q(i)| / Q(i) \right]}{n}, +\frac{\left[\sum_{i=1}^{n} |Q_a(i) - Q(i)| / Q(i) \right]}{n} \right] \qquad (3\text{-}8)$$

2. 影响因素权重分配

在系统给出权重的大致范围的情况下，专家也可根据经验指定影响因素总体权重，但是不能超出系统自动给出的范围。在此基础上，系统采用层次分析法给出影响因素权重分配。层次分析法（Analytic Hierarchy Process，AHP）是一种定性和定量相结合的分析方法（图 3-5）。

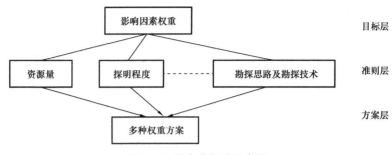

图 3-5　层次分析法示意图

1）建立层次结构模型

将影响因素权重和各个具体因素，以及不同权重赋值方案，分为目标层、准则层和方案层，用于建立因素影响程度的成对比较矩阵。

2）构造成对比较矩阵

设共有 n 个影响因素，那么 $X=\{x_1, x_2, \cdots, x_n\}$，在实例中，$x_1$ 可以是盆地类型，x_2 可以是生气条件，x_n 可以是勘探思路及开发技术。

要比较它们对上一层某一准则（或目标）的影响程度，确定在该层中相对于某一准则所占的比重（即把 n 个因素对上层某一目标的影响程度排序），用 a_{ij} 表示第 i 个因素相对于第 j 个因素对目标层的影响因素的比较结果，则：

$$a_{ij} = 1/a_{ji} \tag{3-9}$$

$$A = \left(a_{ij}\right)_{n \times n} = \begin{pmatrix} a_{11} & a_{12} & \cdots & a_{1n} \\ a_{21} & a_{22} & \cdots & a_{2n} \\ \vdots & \vdots & \ddots & \vdots \\ a_{n1} & a_{n2} & \cdots & a_{nn} \end{pmatrix} \tag{3-10}$$

A 就是成对比较矩阵。

3）层次单排序得到影响因素权重

用定义计算矩阵的特征值和特征向量相当困难，特别是阶数较高时；成对比较矩阵是通过定性比较得到的比较粗糙的结果，对它的精确计算是没有必要的。鉴于此，系统采用最为常用的"求和法"计算成对比较矩阵的相关值，具体办法如下。

将 A 矩阵列向量归一化，得 A 矩阵正规化矩阵 B：

$$B = \begin{pmatrix} b_{11} & b_{12} & \cdots & b_{1n} \\ b_{21} & b_{22} & \cdots & b_{2n} \\ \vdots & \vdots & \ddots & \vdots \\ b_{n1} & b_{n2} & \cdots & b_{nn} \end{pmatrix} \tag{3-11}$$

其中，$b_{ij} = a_{ij} \Big/ \sum\limits_{j=1}^{n} a_{ij}$，接着，计算行加总矩阵 $\boldsymbol{W}$：

$$\boldsymbol{W} = \begin{pmatrix} w_1 \\ w_2 \\ \vdots \\ w_n \end{pmatrix} \tag{3-12}$$

式（3-12）中，$w_i = \sum\limits_{j=1}^{n} b_{ij}$（$i$=1，2，$\cdots$，$n$），进行归一化处理得到权重系数矩阵 $\boldsymbol{W}_r$：

$$\boldsymbol{W}_r = \begin{pmatrix} w_{r_1} \\ w_{r_2} \\ \vdots \\ w_{r_n} \end{pmatrix} \tag{3-13}$$

权重系数矩阵 $\boldsymbol{W}_r$ 即影响因素的权重系数方案。

3. 影响因素敏感性分析

基于科学假设，认为模型误差完全由全部影响因素所致，具体体现在模型的误差均值 E［参见式（3-8）］，对于给出的影响因素在 E 中的程度可由层次分析法得到，即由层次分析法中，对于某一个影响因素权重的变化可以得到相应的权重方案。不同的影响因素及权重设置可以得到不同的 E，即可更为合理地得到拟合数据序列。

具体分析步骤如下：

步骤 1，对原始时间数据序列进行分段优选，得到分析时间数据序列段：

$$Q = \{q_1, q_2, \cdots, q_n\}$$

步骤 2，进行第一次校正拟合，得到初始预测序列：

$$Q^0 = \{q_1^0, q_2^0, \cdots, q_n^0\}$$

步骤 3，应用历史数据序列段优化方法，得到新的时间数据序列：

$$Q' = \{q_1', q_2', \cdots, q_n'\}$$

注：q_i' 根据 $E = \sum\limits_{i=1}^{n} |q_i - q_i^0| \Big/ n$ 得到。如果 $|q_i - q_i^0| > E$（i=1，2，$\cdots$，n），那么 $q_i' = q_i^0$，否则 $q_i' = q_i$。

步骤 4，根据影响因素（气藏地质条件、需求、政策等），运用层次分析法，得到：

$$E' = E * w = \left(\sum\limits_{i=1}^{n} |q_i - q_i^1| \right) w \Big/ n$$

其中 E' 为专家赋予权重的数据修正范围，w 为初始权重。

步骤 5，根据影响因素影响程度的大小，可分为正向极大、正向较大、正向较小、负向极大、负向较大、负向较小等多种层次，运用层次分析法即可得到多个权重方案（W_1，W_2，W_3），根据步骤 3 和步骤 4 可以得出对应的多种权重方案下的多个更具有根据性的修正序列，例如：

气藏条件正向极大

$$Q_1 = \left\{ q_{11T}, q_{12T}, \cdots, q_{1nT} \right\}$$

气藏条件正向较小

$$Q_2 = \left\{ q_{21T}, q_{22T}, \cdots, q_{2nT} \right\}$$

气藏条件负向较小

$$Q_3 = \left\{ q_{31T}, q_{32T}, \cdots, q_{3nT} \right\}$$

运用预测模型对如上多种影响程度下优化序列进行模拟预测，得到多种预测趋势（体现在模型参数变化中），进而得到综合分析中影响因素变化下多种趋势预测结果。

第三节　勘探开发系统模拟法

勘探开发系统模拟法采用计量经济学方法，将中国天然气储产量勘探开发过程进行分解，建立起一组计量经济子模型，将影响天然气储产量变化的若干重要因素引入相应子模型中，根据因素大小设定不同预测情景，预测天然气储产量未来（一般为 30 年）的变化趋势。

一、模型原理

设计模型的最终目标是预测未来新增可采储量和产量在未来的变化趋势。在天然气勘探开发过程中，通过勘探钻井活动将地下的可采资源量逐步转化为探明可采储量，从而使储产量发生变化。因此，建模思路是钻井活动和天然资源限制决定储产量的变化趋势，即勘探投资、钻井数量和技术可采资源量决定了储产量的变化情况[13]。

1. 年新增可采储量

每年的新增可采储量，可视为由当年新钻的探井数、当年平均每口探井的发现率（每口探井所发现的可采储量，Finding Rate）以及储量技术进步因子的乘积得到。计算公式为：

$$\text{NewAdd}_t = \text{FR}_t \cdot \text{SucWells}_t \left(1 + \text{Tech}_R \right) \tag{3-14}$$

式中　NewAdd_t——第 t 年新增可采储量，10^8m^3；

　　　FR_t——第 t 年该气区平均每口探井发现率；

SucWell$_t$——第 t 年成功探井数，口；

Tech$_R$——储量技术进步提升因子（缺省值为 0.03，由勘探技术进步程度决定其大小）。

对式（3–14）进行分解，可将新增可采储量的计算转换为发现率和成功探井数的计算。

2. 成功探井数

模型假设成功探井数（SucWells）由投资水平、地下剩余可采资源量和气价共同决定。用指数回归模型考察它们之间的关系：

$$\text{SucWells}_t = e^{b_0} \cdot e^{b_1 \cdot \text{Investment}_t} \cdot \text{RemainResource}_t^{b_2} \cdot e^{b_3 \cdot \text{GasPrice}_t} \qquad （3-15）$$

式中　SucWells$_t$——第 t 年成功探井数，口；

Investment$_t$——第 t 年钻井投资，万元；

RemianResource$_t$——第 t 年剩余可采资源量，10^8m^3；

GasPrice$_t$——第 t 年天然气价格，元 $/\text{m}^3$；

b_0，b_1，b_2，b_3——模型参数。

式（3–15）取对数，将得到线性方程，进而可通过线性回归确定这 4 个模型参数的值。

3. 探井平均发现率

模型假设探井的平均发现率由地下剩余可采资源量决定，用指数回归模型考察它们之间的关系：

$$\text{FR}_t = e^{b_0} e^{b_1 \cdot \text{RemianResource}_t} \qquad （3-16）$$

式中　FR$_t$——第 t 年单井发现率；

RemianResource$_t$——第 t 年剩余可采资源量，10^8m^3；

b_0，b_1——模型参数。

4. 采气速度

采气速度是年采出气量与剩余探明可采储量的比值。其计算公式为：

$$\text{PR}_t = \frac{\text{Procution}_t}{\text{Reserve}_t} \qquad （3-17）$$

式中　PR$_t$——第 t 年的采气速度；

Procution$_t$——第 t 年产量，10^8m^3；

Reserve$_t$——第 t 年剩余探明可采储量，10^8m^3。

5. 年产量

模型假定下一年的产量是由上一年的老井产量按照产量递减规律（递减率为储采比

的倒数，即采气速度）得到的产量再加上当年新井所贡献的产量共同组成。公式为：

$$\begin{aligned}\text{Procution}_{t+1} &= \text{Production}_{t+1\_old} + \text{Production}_{t+1\_new} \\ &= \left[\text{Production}_t(1-\text{PR}_t)\right] + \left(\text{Tech}_{p\_t+1}\cdot\text{NewAdd}_t\right)\end{aligned} \quad （3-18）$$

式中 Tech_{p_t+1}——第 $t+1$ 年的技术进步提升因子（缺省取值为 0.05，由开发技术进步程度决定其大小）；

PR_t——第 t 年采气速度；

NewAdd_t——第 t 年新增可采储量，10^8m^3；

Production_t——第 t 年产量，10^8m^3；

Production_{t+1}——第 $t+1$ 年产量，10^8m^3；

$\text{Production}_{t+1\_old}$——第 $t+1$ 年老井年产量，10^8m^3；

$\text{Production}_{t+1\_new}$——第 $t+1$ 年新井年产量，10^8m^3。

6. 年剩余可采储量

年剩余可采储量可根据新增可采储量和年产量计算得出：

$$\text{Reserve}_{t+1} = \text{Reserve}_t + \text{NewAdd}_t - \text{Production}_t \quad （3-19）$$

式中 Reserve_t——第 t 年剩余探明可采储量，10^8m^3；

NewAdd_t——第 t 年新增可采储量，10^8m^3；

Production_t——第 t 年产量，10^8m^3；

Reserve_{t+1}——第 $t+1$ 年剩余探明可采储量，10^8m^3。

二、计算流程

勘探开发系统模拟方法速算流程如图 3-6 所示。

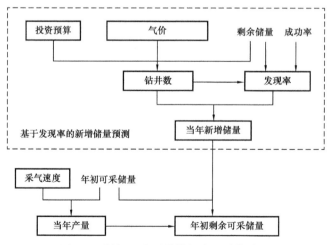

图 3-6 勘探开发系统模拟方法计算流程

三、历史数据准备

1. 剩余资源量

1）年剩余可采储量

$$\text{Reserve}_{t+1} = \text{Reserve}_t + \text{NewAdd}_t - \text{Production}_t \qquad （3-20）$$

式中　Reserve_t——第 t 年剩余探明可采储量，10^8m^3；

NewAdd_t——第 t 年新增可采储量，10^8m^3；

Production_t——第 t 年产量，10^8m^3；

Reserve_{t+1}——第 $t+1$ 年剩余探明可采储量，10^8m^3。

2）年剩余未发现资源量

$$\text{RemianResource}_{t+1} = \text{RemianResource}_t - \text{CumReserve}_t \qquad （3-21）$$

式中　RemianResource_t——第 t 年剩余可采资源量，10^8m^3；

CumReserve_t——第 t 年累计探明可采储量，10^8m^3；

$\text{RemianResource}_{t+1}$——第 $t+1$ 年剩余可采资源量，10^8m^3。

2. 发现率

由于开发井对储量的增加贡献很小，故模型假设每年新增可采储量全部由探井发现。

$$\text{SucWells}_t = \text{ExpWells}_t \cdot \text{SR}_t \qquad （3-22）$$

式中　SucWells_t——第 t 年成功探井数，口；

ExpWells_t——第 t 年探井数，口；

SR_t——第 t 年探井成功率。

$$\text{FR}_t = \text{NewAdd}_t / \text{SucWells}_t \qquad （3-23）$$

式中　FR_t——第 t 年单井发现率；

NewAdd_t——第 t 年新增可采储量，10^8m^3；

SucWells_t——第 t 年成功探井数，口。

3. 投资及气价折现

将历史投资额按给定的折现率（现金贴现率）折现到历史数据的第一年。

$$\text{Investment}_t = \sum_{i=1}^{t}\left[\text{Investment}_i \left(\frac{1}{1+\text{Disc}} \right)^{i-1} \right] \qquad （3-24）$$

式中　Investment_t——第 t 年折现钻井投资，万元；

Disc——折现率。

价格类似进行折现计算：

$$GasPrice_t = \sum_{i=1}^{t}\left[GasPrice_i \left(\frac{1}{1+Disc} \right)^{i-1} \right] \tag{3-25}$$

式中 $GasPrice_t$——第 t 年折现气价，元 /m³；

   Disc——折现率。

四、回归拟合建模

完成历史数据准备后，通过多元统计回归方法，建立起成功探井数和探井平均发现率两个子模型。

1. 成功探井数

对式（3-15）两边取自然对数变形，并采用自相关回归得：

$$\ln SucWell_t = b_0 + b_1 Investment_t + b_2 \ln RemianResource_t + b_3 GasPrice_t +$$
$$\rho\left[\ln SucWells_{t-1} - (b_0 + b_1 Investment_{t-1} + b_2 \ln Remianresource_{t-1} + b_3 GasPrice_{t-1}) \right] \tag{3-26}$$

式中 $SucWells_t$——第 t 年成功探井数，口；

   $Investment_t$——第 t 年折现钻井投资，万元；

   $RemianResource_t$——第 t 年剩余可采资源量，10^8m^3；

   $GasPrice_t$——第 t 年折现天然气气价，元 /m³；

   b_0，b_1，b_2，b_3——模型参数；

   ρ——自相关系数。

式（3-26）所需数据可直接从准备的历史数据中获得，然后用多元回归方法，拟合得到参数 b_0，b_1，b_2 和 b_3 及自相关系数 ρ。

2. 探井平均发现率

对式（3-16）两边取自然对数变形，并采用自相关回归得：

$$\ln FR_t = b_0 + b_1 RemianResource_t + \rho\left[\ln FR_{t-1} - (b_0 + b_1 RemianResource_{t-1}) \right] \tag{3-27}$$

式中 FR_t——第 t 年单井发现率；

   $RemianResource_t$——第 t 年剩余可采资源量，10^8m^3；

   b_0，b_1——模型参数；

   ρ——自相关系数。

式（3-27）所需数据可直接从准备的历史数据中获得，然后用多元回归方法，拟合得到参数 b_0 和 b_1 及自相关系数 ρ。

五、储产量预测

首先设定预测情景（包括技术可采资源量、未来投资额度、气价、技术进步因子等）

参数，根据上述计算流程迭代计算，即预测计算第 t 年储产量后，再进行第 $t+1$ 年储产量的预测。具体预测步骤如下：

（1）根据式（3-26）回归建立的模型预测未来第一年的成功探井数；

（2）根据式（3-27）回归建立的模型预测未来第一年的探井平均发现率；

（3）按照式（3-14）计算未来第一年新增可采储量，其中考虑技术进步因素。

（4）根据式（3-28）计算未来第一年的采气速度：

$$PR_{t+1} = \frac{Production_t(1-PR_t) + Tech_p \cdot NewAdd_t}{Reserve_t} \qquad (3-28)$$

式中 PR_{t+1}——第 $t+1$ 年的采气速度；

Procution$_t$——第 t 年产量，10^8m^3；

PR_t——第 t 年采气速度；

$Tech_p$——开发增产技术进步提升因子（缺省值 =0.05）；

$NewAdd_t$——第 t 年年新增可采储量，10^8m^3；

$Reserve_t$——第 t 年剩余探明可采储量，10^8m^3。

（5）预测未来第一年产气量：

$$Production_{t+1} = PR_{t+1} \cdot Reserve_t \qquad (3-29)$$

式中 Procution$_{t+1}$——第 $t+1$ 年产量，10^8m^3；

PR_{t+1}——第 $t+1$ 年采气速度；

$Reserve_t$——第 t 年剩余探明可采储量，10^8m^3。

（6）返回到步骤（1），迭代计算，预测未来第二年储产量。

六、计算实例

依据上述原理，应用勘探开发系统模拟方法对气区 1 和气区 2 储产量进行预测，并讨论了高、中、低三种技术进步方案对储产量变化的影响。

1. 气区 1

1）基础数据

气区 1 趋势分析影响因子取值及历史数据见表 3-2 和表 3-3。

表 3-2　气区 1 趋势分析影响因子取值表

因子类别	高技术	中技术	低技术
储量发现技术进步因子	0.05	0.03	0.01
增产技术进步因子	0.02	0.01	0.005
气价（元 /m³）	1.2	0.85	0.5
投资增长因子	0.02	0.01	0.005

表 3-3　气区 1 历史数据表

年份	技术可采资源量（$10^8 m^3$）	年新增可采储量（$10^8 m^3$）	年初剩余可采储量（$10^8 m^3$）	年产量（$10^8 m^3$）	探井数（口）	成功率（%）	钻井投资（万元）	价格（元/m^3）
1990	23900	0	10	0.0685	16	50	8928	0.05
1991		0	9.9315	0.0802	40	50	22631	0.16
1992		805.93	9.8513	0.1233	57	50	38713	0.13
1993		223.22	815.658	0.1782	46	50	34733	0.13
1994		188.65	1038.6998	0.3894	41	50	32199	0.44
1995		133.03	1226.9604	0.5937	19	50	21158	0.53
1996		59.19	1359.3967	0.6726	10	50	12076	0.49
1997		267	1417.9141	1.3126	12	50	12985	0.55
1998		110.98	1683.6015	4.3414	11	50	12033	0.55
1999		153.04	1790.2401	11.9458	20	50	17064	0.55
2000		330.64	1931.3343	20.2026	36	50	41847	0.59
2001		2884.51	2241.7717	33.5467	20	50	22705	0.61
2002		303.93	5092.735	38.4634	15	50	16386	0.64
2003		1697.9	5358.2016	50.3578	46	50	49991	0.66
2004		555.2	7005.7438	72.7448	49	50	41970	0.66
2005		679.71	7488.199	73.47	83	50	73941	0.67
2006		837.82	8094.439	78.6883	89	50	126478	0.82
2007		472.62	8853.5707	108.2648	120	50	152857	0.85
2008		656.84	9217.9259	142.35	144	50	181485	0.85

2）成功探井数

气区 1 历史数据带入式（3-26），统计回归得出公式参数 b_0，b_1，b_2，b_3 和 ρ，建立成功探井数与钻井投资、剩余未发现资源量之间的函数关系：

$$\ln SucWell_t = -1.007104 + 0.00074758 Investment_t + 0.00061258 \ln RemianResource_t +$$
$$0.125 GasPrice + 0.0066196 \left[\ln SucWells_{t-1} - \left(-1.007104 + 0.00074758 \right. \right.$$
$$\left. \left. Investment_{t-1} + 0.00061258 \ln RemianResource_{t-1} + 0.0125 GasPrice \right) \right]$$

（3-30）

3）探井发现量

气区 1 历史基础数据带入式（3-27），统计回归得出公式参数 b_0，b_1 和 ρ，建立统计发现量与剩余未发现资源量之间的函数关系：

$$\ln \mathrm{FR}_t = 3.357898 - 0.000078669\mathrm{RemianResource}_t +$$
$$0.322039\left[\ln \mathrm{FR}_{t-1} - \left(3.357898 - 0.000078669\mathrm{RemianResource}_{t-1}\right)\right] \quad （3-31）$$

4）新增可采储量发现技术进步分析

按技术进步方案对比气区 1 新增可采储量预测如图 3-7 所示。

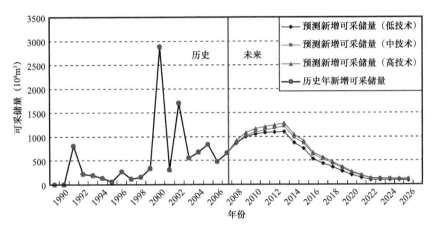

图 3-7　气区 1 新增可采储量预测（技术进步高中低方案对比）

5）产量增产技术进步分析

按技术进步方案对比气区 1 产量预测如图 3-8 所示。

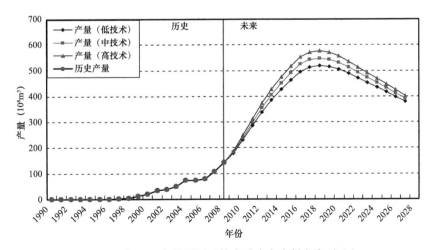

图 3-8　气区 1 产量预测（技术进步高中低方案对比）

6）储量发现气价变化分析

按气价方案对比气区 1 新增可采储量预测如图 3-9 所示。

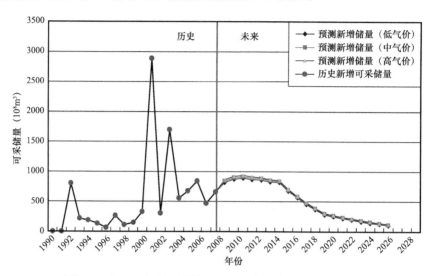

图 3-9　气区 1 新增可采储量预测（气价高中低方案对比）

7）产量增产气价变化分析

按气价方案对比气区 1 产量预测如图 3-10 所示。

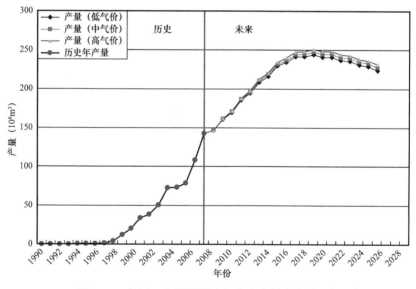

图 3-10　气区 1 产量预测（气价高中低方案对比）

8）新增可采储量发现投资变化分析

按投资方案对比气区 1 储量预测如图 3-11 所示。

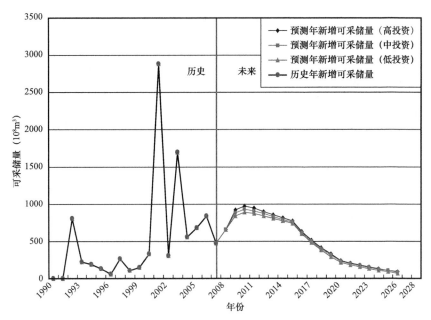

图 3-11　气区 1 新增可采储量预测（投资高中低方案对比）

9）产量增产投资变化分析

按投资方案对比气区 1 产量预测如图 3-12 所示。

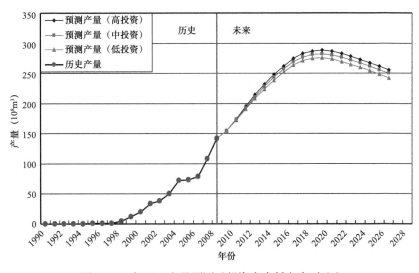

图 3-12　气区 1 产量预测（投资高中低方案对比）

2. 气区 2

1）基础数据

气区 2 趋势分析影响因子取值及历史数据见表 3-4 和表 3-5。

表 3-4 气区 2 趋势分析影响因子取值表

因子类别	高技术	中技术	低技术
储量发现技术进步因子	0.05	0.03	0.01
增产技术进步因子	0.03	0.02	0.01
气价（元/m³）	1.2	0.85	0.5
投资增长因子	0.02	0.01	0.005

表 3-5 气区 2 历史数据表

年份	技术可采资源量（$10^8 m^3$）	年新增可采储量（$10^8 m^3$）	年初剩余可采储量（$10^8 m^3$）	年产量（$10^8 m^3$）	探井数（口）	成功率（%）	钻井投资（万元）	价格（元/m³）
1990	28920	190.51	1093.2698	64.6402	31	50	27461	0.05
1991		210.1	1238.7133	64.6565	39	50	35058	0.16
1992		189.19	1362.5846	65.3187	36	50	35911	0.13
1993		564.55	1859.0014	68.1332	24	50	44050	0.13
1994		231.63	2019.8458	70.7856	22	50	44826	0.44
1995		353.55	2301.2448	72.151	17	50	48572	0.53
1996		349.02	2575.9238	74.341	17	50	51418	0.49
1997		351.47	2852.139	75.2548	26	50	68535	0.55
1998		346.27	3123.4644	74.9446	23	50	76831	0.55
1999		241.14	3289.3304	75.274	35	50	59762	0.55
2000		451.21	3661.0846	79.4558	33	50	57480	0.59
2001		300	3877.7649	83.3197	33	50	46205	0.61
2002		581.08	4370.9409	87.904	24	50	50679	0.64
2003		441.34	4719.6737	92.6072	23	50	60423	0.66
2004		600.29	5222.4848	97.4789	28	50	90367	0.66
2005		735.78	5839.0748	119.19	54	50	179091	0.67
2006		1066.31	6773.1284	132.256	58	50	166130	0.82
2007		883.82	7514.2747	142.673	48	50	130000	0.85

2）成功探井数

气区 2 历史基础数据带入公式（3-26），统计回归得出公式参数 b_0，b_1，b_2 和 ρ，建立成功探井数与钻井投资、剩余未发现资源量之间的函数关系：

$$\ln \text{SucWell}_t = 10.36 + 0.00016639 \text{Investment}_t + 0.0016366 \ln \text{RemianResource}_t - $$
$$24.08 \text{GasPrice} + 0.1592 \big[\ln \text{SucWells}_{t-1} - (10.36 + 0.00016639 \text{Investment}_{t-1} + \quad（3-32）$$
$$0.0016366 \ln \text{RemianResource}_{t-1} - 24.08 \text{GasPrice}) \big]$$

3）探井发现量

气区 2 历史基础数据带入式（3-27），统计回归得出公式参数 b_0，b_1 和 ρ，建立统计发现量与剩余未发现资源量之间的函数关系：

$$\ln \text{FR}_t = 2.8867 + 0.0001177 \text{RemianResource}_t + 0.10002$$
$$\big[\ln \text{FR}_{t-1} - (2.8867 + 0.0001177 \text{RemianResource}_{t-1}) \big] \quad（3-33）$$

4）新增可采储量发现技术进步分析

按技术进步方案气区 2 新增可采储量预测如图 3-13 所示。

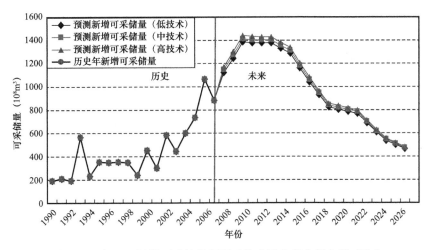

图 3-13　气区 2 新增可采储量预测（技术进步高中低方案对比）

5）产量增产技术进步分析

按技术进步方案气区 2 产量预测如图 3-14 所示。

6）新增可采储量发现投资变化分析

按投资方案气区 2 新增可采储量预测如图 3-15 所示。

7）产量增产投资变化分析

按投资方案气区 2 产量预测如图 3-16 所示。

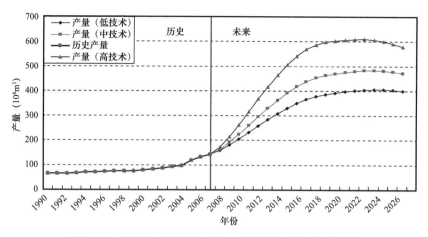

图 3-14　气区 2 产量预测（技术进步高中低方案对比）

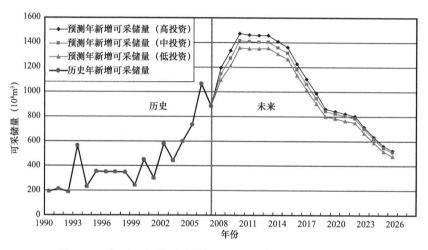

图 3-15　气区 2 新增可采储量预测（投资高中低方案对比）

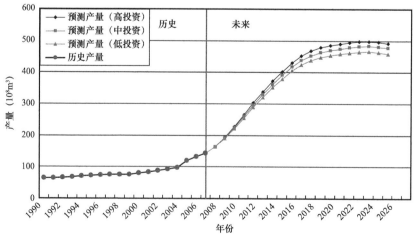

图 3-16　气区 2 产量预测（投资高中低方案对比）

第四节　基于气田开发特点的项目构成法分析模型

国产气产量预测方法是以投入开发的项目或气田为基本单位，以可采储量为基础，按开发规律和开发指标预测气田不同开发阶段的产气量，然后根据气田稳产方式计算产能建设和投资需求，通常中高渗透整装气藏采用单井稳产模式，页岩气和致密气等低渗透复杂气藏采用井间接替模式开发，产能建设投资测算结果用于经济评价和项目优化，其关键是单气田 / 项目产量预测。项目构成法需要准备的开发参数有可采储量，采气速度或开发方案设计产能，建产期、稳产期或稳产期末采出程度，废弃产量，单井递减率等[31]。

一、气田开发阶段及其特点

气田的开发周期通常可分为 3 个阶段：上产期，新井不断投产，产量逐渐上升；稳产期，产量达到最高值并保持较长时间稳产；递减期，由于地层有效驱动能量衰竭，导致产量逐年下降，直到按现有的技术条件已无法从气藏中采出天然气为止（图 3–17）。

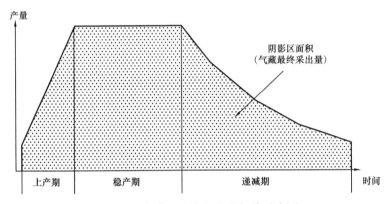

图 3–17　气藏开发产量变化规律示意图

气藏的产量随着油气开采过程或开发措施的实施不断变化。建设时期内产量上升，一定时期内产量相对稳定，但在大部分时间内产量都处于递减期。大量的开发实践表明，40%～50% 的储量是在产量递减过程中采出的。

二、不同开发阶段的产量计算

根据气藏产量的递减规律，根据产气项目的开发参数安排上产期内的产能建设规划，确定稳产期内的产量，并依据递减率来预测递减期内的产量。

1. 上产期产量

一般情况下，气田的上产期时间较短，通过不断地钻投新井，以达到设计的最大产量。

上产期内，年产气量等于当年建成产能与前期建成产能在当年的总产量（建成产能的预测参见本章第四节"产能建设规划"部分）之和，计算公式为：

$$Q_t = PC_t + \sum_{i=1}^{t-1} QC^i_t \qquad t_0 \leqslant t \leqslant t_b \qquad (3-34)$$

式中　Q_t——第 t 年的产量，$10^8 m^3$；

　　　PC_t——第 t 年建成的产能，$10^8 m^3$；

　　　QC^i_t——上产期第 i 年建成的产能 PC_i 在第 t 年的产量，$10^8 m^3$。

2. 稳产期产量

稳产期是气田开发的黄金时期，这时的天然气产量达到最大值。随着地层有效驱动能量的逐步衰减，最大产量将逐渐失去维持的条件，产量也将开始递减。常用的判定气田进入递减期的方法有两种。

1）稳产期判定

若对气田稳产持续时间有较大把握时，可利用稳产期指标，确定进入递减期的时间。即：当年份满足如下条件时，认为气田已进入递减期：

年份＞项目投产年份＋建产期年限＋稳产期年限 –2

2）稳产期末采出程度判定

通常，气田的开发方案会给出测定的稳产期末采出程度。可依据稳产期末采出程度指标，确定进入递减期的时间。即：当累计产气量满足如下条件时，认为气田已进入递减期：

当年采出程度≥稳产期末采出程度

3）稳产期产量计算

$$Q_i = PC = G_R v_{gGR} \qquad (3-35)$$

式中　Q_i——稳产期第 i 年产量，$10^8 m^3$；

　　　PC——上产期建成的总产能，$10^8 m^3$；

　　　G_R——可动用技术可采储量，$10^8 m^3$；

　　　v_{gGR}——可采储量采气速度。

3. 递减期产量

通常在气田的开采周期中，递减期采出天然气数量大、递减期持续时间长且递减规律十分复杂。本研究中针对递减期的产量计算，是在确定可采储量的基础上，返算出递减率，进而计算递减期产量。

三、递减期产量的计算

研究产量递减规律对做好气田的动态预测和生产规划意义重大，这是因为递减期采出天然气数量大、递减期持续时间长且递减规律十分复杂。只有认清了产量递减规律，才能有效地采取防止产量递减措施，提高天然气藏的采收率。

1. 确定可采储量

在气藏自身物性和现有技术条件下，产气项目在整个生产过程中能够采出的天然气总量只能是地质储量的一部分（即技术可采储量）。在气藏的整个开发过程中，对气藏的认识程度会随着开发工作的不断深入、井数的不断增加，由浅到深逐步深化。因此，可采储量的计算是逐步准确的。随着开发时间的推移，气藏动态变化规律相对稳定，算出的可采储量才具有较高的符合率。

天然气供气规模分析方法的目标是中长期天然气产量预测，所以允许根据对气藏的现有认识程度和对气藏最终开采程度的中长期预期，对气藏可采储量进行修正，以确定产气项目整个开发过程的最终采出量。

2. 计算递减率

递减期产量确定的关键参数是递减率，在油气田生产动态分析中，常将油气田产量递减率定义为：

$$D_c = \frac{Q_{i-1} - Q_i}{Q_{i-1}} \qquad （3-36）$$

式中 D_c——递减率；

Q_i——当年产气量，$10^8 m^3$；

Q_{i-1}——上年产气量，$10^8 m^3$。

若令气田在递减期内的总采出量为 G_D、稳产期末的产量为 Q_0（即递减产量的初值）、气田废弃产量为 Q_T、气田递减期的年限为 T。上述变量的含义和关系如图 3-18 所示。

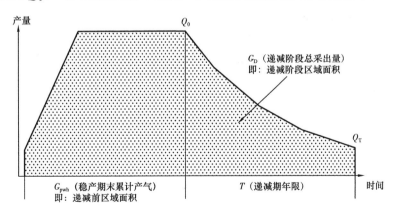

图 3-18   气田递减期产量预测模型变量关系

从图 3-19 所示关系可建立如下方程式：

递减期内第 i 年的产量（Q_i）

$$Q_i = Q_0 \left(1 - D_c\right)^i \qquad 1 \leqslant i \leqslant T \qquad （3-37）$$

式中 T——递减期年限，a。

递减期结束时的废弃产量（Q_T）

$$Q_T = Q_0 \left(1 - D_c\right)^T \qquad (3-38)$$

递减阶段的总采出量（G_D）

$$G_D = Q_0 \left(1 - D_c\right) + Q_0 \left(1 - D_c\right)^2 + Q_0 \left(1 - D_c\right)^3 + \cdots + Q_0 \left(1 - D_c\right)^T \qquad (3-39)$$

而递减期的采出量与气藏累计采出气量和稳产期末累计产气量之间存在关系：

$$G_D = G_{iu} - G_{pwh} \qquad (3-40)$$

式中 G_D——递减期总采出量，$10^8 m^3$；

G_{iu}——累计采出气量，$10^8 m^3$；

G_{pwh}——稳产期末累计产气量，$10^8 m^3$。

又令 $a = 1 - D_c$，则式（3-40）可写成：

$$G_D = Q_0 a + Q_0 a^2 + Q_0 a^3 + \cdots + Q_0 a^T$$

上式求和有：

$$G_D = Q_0 \left(\frac{1 - a^{T+1}}{1 - a} - 1\right)$$

左边展开得：

$$G_D = \frac{Q_0 - Q_0 a^T a}{1 - a} - Q_0$$

根据式（3-39）将上式转化为如下方程：

$$G_D = \frac{Q_0 - a Q_T}{1 - a} - Q_0$$

方程移项整理后求解得：

$$a = \frac{G_D}{G_D + Q_0 - Q_T}$$

故，递减率 D_c 的计算公式为：

$$D_c = 1 - \frac{G_D}{G_D + Q_0 - Q_T} \qquad (3-41)$$

将按式（3-42）确定的递减率，代入式（3-38）即可求出产气项目在递减期内的产量。

将各气田/项目产量按照时间序列叠加，即得到某盆地/公司/国家天然气产量规模。

第四章　天然气需求预测方法

中国在《巴黎协定》中承诺 2030 前二氧化碳排放达到峰值，单位 GDP 二氧化碳排放量比 2005 年下降 60%～65%，加大天然气利用量是实现这一目标最现实的选择，如何通过平衡各能源利用量和实现碳排放目标是制定能源发展战略的基础。

本章首先阐述了影响天然气需求量的主要因素，接着对基于天然气需求量历史数据的常用时间序列分析法进行了简单介绍，这些方法依据天然气需求的历史趋势进行外推，考虑的因素单一，主要适用于短期预测。

对于天然气需求量的中长期预测，提出了三种预测方法：

第一种预测方法是基于政府或机构对中国在宏观经济、能源消费以及碳排放等方面的前景规划，以不同类别能源的比例为参数，进行天然气需求量预测的方法。该方法考虑的因素较多，在宏观经济发展趋势和不同类型资源消费比例明确的情况下，能用于天然气需求的中长期预测。

第二种预测方法是采用影响因素弹性分析原理，分析天然气需求量与其影响因素之间的定量关系，综合考虑天然气对煤炭的替代作用，建立起包含气煤交叉弹性系数的生产函数模型，通过线性回归确定模型参数，进而预测天然气需求量。该方法高度依赖天然气和煤炭的价格变化趋势，在能源价格高度市场化背景下可以得到较好的应用。

第三种预测方法基于能源消费结构，以经济发展水平、能源效率、碳排放目标、可替代能源作为主要驱动因素，通过情景规划优化能源消费构成，最终完成地区或国家在不同经济、碳排放、能源结构情景下的能源消费量、天然气消费量以及碳排放量的预测。该方法考虑因素多、所需数据全，能够分析不同经济发展、碳排放目标约束情景下天然气需求量。

第一节　天然气需求量影响因素

在国家的碳达峰、碳中和目标下，优质高效的天然气担负着中国能源转型的重任，将成为中国经济高质量发展的最佳选择。而影响中国天然气需求量的因素众多，GDP、能源消费结构、人口数、人均收入、政府支出、消费者价格指数、进出口总额、科学和技术活动等因素都是天然气需求的驱动因素。由此可见，深入分析影响中国天然气需求的因素，挖掘重要有效驱动因素，对未来天然气需求量预测是必要的[29-30]。

国内外研究者对影响天然气消费的因素讨论很多，本书将天然气需求的影响因素分为客观因素和主观因素两类。

一、客观因素

（1）经济发展水平。中国是一个能源需求大国，经济的增长通常需要相应的能源消费作为驱动力。国家统计局数据显示：中国的 GDP 增长从 2010 年的 40.15 万亿元到 2020 年的 101.60 万亿元，与此同时，我国的天然气消费量也从 2010 年的 $1076 \times 10^8 m^3$ 增长至 2020 年的 $3237 \times 10^8 m^3$，经济的增长对消耗量有着很明显的正向的影响关系。

（2）环保目标与能源消费结构。天然气利用量直接受能源消费结构布局的影响，中国能源消费结构中煤炭消耗量的占比一直很大，但使用煤炭会伴随着大量的碳排放，而作为低碳清洁能源的天然气，其碳排放量只有煤炭的一半。因此，在我国碳中和、碳达峰的目标下，天然气在能源消费结构中的比例逐年提升，根据国家能源局发布的《中国天然气发展报告（2021）》，2020 年我国天然气消费占比已达 8.4%，预计到 2025 年中国天然气消费量为 $4300 \times 10^8 \sim 4500 \times 10^8 m^3$、2030 年为 $5500 \times 10^8 \sim 6000 \times 10^8 m^3$，2040 年或将达到高峰期。

（3）技术进步和能源效率。近年来，我国能源利用效率不断提升。根据国家能源局公布的信息，2014 年以来，我国单位国内生产总值能耗累计降低 20%，碳捕集、碳利用、碳封存和氢能技术等新技术正在加快推广，这些新的技术进步能够提高能源利用效率，降低单位 GDP 能耗，进而对能源消费总量产生重要影响。

（4）能源价格。能源消费市场对能源价格很敏感，但中国能源工业主要由国家投资和控制，能源价格由政府和市场双向指导，所以中国的能源需求对价格变化较欧美国家敏感性较差。

（5）替代能源竞争性。包括煤炭、原油和可再生能源的可获取性、环保性、稳定性和价格等都与天然气的利用规模相关。其中，竞争性燃料价格对天然气需求的影响与用户在短时间内转换燃料的能力有关，如果最终用户作为一个整体迅速地转换燃料的能力较强，那么竞争性燃料价格对天然气需求的影响就不会太大。

二、主观因素

影响天然气需求的主观因素主要是国家的战略决策。中国的能源市场主要靠政府进行宏观政策调控，国家通过一系列环保政策，对能源结构和能源投资等多方面进行宏观政策调控，促进清洁低碳健康的能源市场发展，这样的能源利用政策和战略部署将直接影响能源消费构成以及天然气的需求量。

第二节　时间序列趋势分析法

天然气需求量趋势的分析，本质上是时间序列分析，即将历史数据按时间顺序进行分析，找出数据随时间变化的趋势或规律，建立起反映这种趋势或规律的数学模型，再采用该模型预测数据序列的未来趋势，这种趋势分析法适用于短期预测，其优点是简单易用，主要缺点是只描述了时间序列数据的变化规律，没有反映变化的因果关系，不适用于长期的、趋势分多阶段变化的时间序列分析。常用的趋势分析模型包括滑动平均预测模型、指数平滑预测模型和自回归预测模型等[14]。

一、滑动平均预测模型

滑动平均预测模型是指在时间序列中，利用近期数据预测未来数据的短期变化趋势。首先假设近期的实际数据序列为 x_1，x_2，$\cdots$，x_n，则第 $n+1$ 时间点的预测值就是这 n 个数据的算术平均值，即 $x_{n+1}=(x_1+x_2+\cdots+x_n)/n$，其中平均计算期包含的数据个数 n 可依据数据规律确定。

若认为不同时段的数据对序列趋势贡献度不同，可以对平均计算期内的数据点赋予权值 a_1，a_2，$\cdots$，a_n，这时计算得到的就是加权平均值 $x_{n+1}=(a_1x_1+a_2x_2+\cdots+a_nx_n)/n$，其中：$a_1+a_2+\cdots+a_n=1$。这种模型也称为加权滑动平均模型。

若先对实际的时间序列数据进行一次滑动平均，在得到的平均值序列基础上，再次使用滑动平均模型，计算第 $n+1$ 时期的预测值，这种方法叫作二次滑动平均预测模型。二次以上的滑动平均计算，有可能将数据的原始趋势逐步光滑，一般不会在实际应用中使用。

二、指数平滑预测模型

指数平滑预测模型是以当前时期为准，认为对于数据的未来趋势而言，历史数据距今越久影响越小，进而设置一个平滑系数 α（$0<\alpha<1$），对历史数据进行指数加权平均计算：

$$x_{n+1}=\alpha x_n+\alpha(1-\alpha)x_{n-1}+\alpha(1-\alpha)^2x_{n-2}+\cdots+\alpha(1-\alpha)^{n-2}x_2+\alpha(1-\alpha)^{n-1}x_1$$

总体上，滑动平均是利用近期数据预测未来数据的短期变化趋势，没有使用全部的历史数据，而指数平滑预测模型则兼顾了全期数据和近期数据的作用。

三、自回归预测模型

n 阶自回归模型记为 AR（n）：$x_t=\alpha_1x_{t-1}+\alpha_2x_{t-2}+\cdots+\alpha_nx_{t-n}+u_t$，其中 α_1，α_2，$\cdots$，α_n 是自回归参数、u_t 是随机误差项。通过回归分析得到模型参数的估计量 $\alpha_1{}'$，$\alpha_2{}'$，$\cdots$，$\alpha_n{}'$，再预测第 $t+1$ 个时间点的预测值 $x_{t+1}'=\alpha_1{}'x_t+\alpha_2{}'x_{t-1}+\cdots+\alpha_n{}'x_{t-n}+1$。

（n，m）阶自回归模型记为 ARMA（n，m）：$x_t=\alpha_1x_{t-1}+\alpha_2x_{t-2}+\cdots+\alpha_nx_{t-n}+u_t-\beta_1u_{t-1}-\cdots-\beta_mu_{t-m}$，模型中包括了自回归参数和滑动平均参数，通过回归分析得到这些参数的估计量，再采用类似 AR 模型的预测计算。

自回归滑动平均模型（ARMA）是以自回归模型（AR）与滑动平均模型（MA 模型）为基础混合而成，具有适用范围广、预测误差小的特点。

第三节　基于能源类型的比例预测法

一、基本原理

在国内 GDP 现状为基础，通过经济增长率的未来趋势，计算出预测期内 GDP 值，借助能源消费强度，反算能源需求的总量，再结合原油、原煤和新能源在预测期内的规划方案，采用比例法计算出天然气需求量。

二、数学模型

（1）国民生产总值：

$$\text{GDP}_t = \text{GDP}_{t-1}（1+e_t）$$

式中　GDP_t——第 t 年 GDP，万元；

　　　GDP_{t-1}——第 $t-1$ 年 GDP，万元；

　　　e_t——当年经济增长率。

（2）能源需求总量：

$$N_t = \text{GDP}_t \times x_t$$

式中　N_t——第 t 年能源需求量，10^4t（标煤）；

　　　GDP_t——第 t 年 GDP，万元；

　　　x_t——第 t 年单位 GDP 能耗，t（标煤）/ 万元。

（3）气煤需求量合计：

$$\text{NG\_I}_t = N_t（1-o_t-w_t）$$

式中　NG_I_t——第 t 年气煤需求量，10^4t（标煤）；

　　　o_t——当年原油需求比例；

　　　w_t——当年新能源需求比例。

（4）原煤需求量：

$$\text{NC\_I}_t = N_t \times c_t$$

式中　NC_I_t——第 t 年煤需求量，10^4t（标煤）；

　　　c_t——当年煤需求比例。

（5）原煤需求中被天然气替换量：

$$\text{NC\_I}_t' = \text{NC\_I}_t（1-\text{c\_g}_t）$$

式中　$\text{NC\_I}_t'$——第 t 年气替换煤数量，10^4t（标煤）；

　　　c_g_t——当年煤被气替换比例。

（6）天然气需求总量：

$$Ng_t = NG\_I_t - NC\_I_t'$$

式中　Ng_t——第 t 年气替换煤数量，10^4t（标煤）。

三、模型参数

在上述天然气需求预测的数学模型中，各个模型参数在预测期内的变化趋势，可采用趋势规划的方法确定模型参数在预测期内的变化值，或者采用历史趋势拟合的预测模型来确定。

1. 趋势规划方法

选择以下的趋势模型，给定的参数值，计算出天然气需求预测模型参数在预测期内的参数值。

1）线性趋势模型

$$y = k(t - t_0) + b \tag{4-1}$$

式中　y——预测期内模型参数规划值；

　　　k——变化步长值；

　　　b——基础值；

　　　t——预测年份（t_0- 预测基础年份）。

2）比例趋势模型

$$y = b(1 + k)^{(t - t_0)} \tag{4-2}$$

式中　y——预测期内模型参数规划值；

　　　k——变化比例值；

　　　b——基础值；

　　　t——预测年份（t_0 – 预测基础年份）。

3）阶段趋势模型

$$y = \begin{cases} x_1 & t_0 \leq t < t_1 \\ \vdots & \\ x_i & t_{i-1} \leq t < t_i \\ \vdots & \\ x_n & t_{n-1} \leq t < t_n \end{cases} \tag{4-3}$$

式中　y——预测期内模型参数规划值；

　　　x_i——第 i 阶段变量值；

t_{i-1}——第 i 阶段开始的年份；

t_i——第 i 阶段结束的年份；

t——预测年份；

t_0——预测基础年份。

2. 历史拟合方法

选择以下趋势模型，对给定历史数据进行拟合，确定模型参数值，进而计算出天然气需求预测模型参数在预测期内的参数值。

1）对数趋势模型

$$y = k \ln(t - t_0) + b \qquad (4-4)$$

式中　y——预测期内模型参数规划值；

　　　k——变化步长值；

　　　b——基础值；

　　　t——预测期第 1 年的年份值。

2）乘幂趋势模型

$$y = b(t - t_0)^k \qquad (4-5)$$

式中　k——幂次值；

　　　b——基础值。

3）指数趋势模型

$$y = b\mathrm{e}^{k(t-t_0)} \qquad (4-6)$$

式中　k——指数值；

　　　b——基础值。

四、分析流程

基于能源类型的比例预测法应用流程如图 4-1 所示：针对影响天然气需求量未来趋势的经济变量，通过趋势外推或情景规划得到预测期内各个变量的数据序列，其中包括 GDP 增长率、单位 GDP 能耗，原煤、原油和新能源在预测期内的占比分布情况，以及气替煤的预期比例；在算出预测期内的能源需求总量的基础上，根据不同类型能源的未来占比和气替煤比例，计算得到预测期内的天然气需求量。

根据经济增长率的未来规划或趋势预测值，计算出预测期内的 GDP 值；通过规划或趋势预测，确定气、煤在预测期内的占能源总需求量的比例，结合规划或预测的气替煤比例，计算出预测期内的天然气需求量。

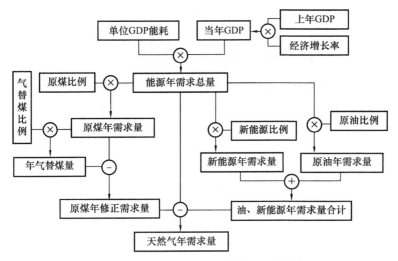

图 4-1　基于能源类型的比例预测法计算流程

第四节　结合气煤交叉弹性的预测法

一、基本原理

天然气需求量受国民经济、能源政策、能源消费结构等多方面的因素影响，对于天然气需求的预测模型，常选用若干在实际天然气开发规划工作中常用的经济变量构建模型[15]。国内外有许多天然气需求方面的理论分析成果，他们所建立的模型一般都是基于计量经济学理论建立的，其中多数采用了生产函数模型[16]。

考虑到目前国内能源的消费趋势是减煤、稳油、增气和大力发展新能源，因此，要想快速实现减碳目标，应采用天然气或可再生能源替代碳排放高的煤炭。因此，作者提出了一个以气替煤为主的天然气需求量预测模型，以 GDP、气价、煤价与原煤需求量作为模型变量，建立起天然气需求量的生产函数方程式，利用最小二乘法求解得到模型参数后，再使用模型预测天然气需求量。

二、数学模型

将 GDP、气价、煤价、原煤需求量和天然气需求量之间的关系表达为如下的生产函数模型，结合能源未来趋势规划中原油和新能源的占比，预测天然气需求量。

$$NC_t = e^{b_0 + b_1 PC_t + b_2 PG_t + b_3 GDP_t} \tag{4-7}$$

式中　NC_t——第 t 年原煤需求量，10^4tce（吨标准煤）；

　　　GDP_t——第 t 年 GDP，亿元；

　　　PC_t——第 t 年煤价，元 /t；

PG_t——第 t 年气价，元 $/m^3$；

b_0——模型参数；

b_1——煤价对煤需求量的弹性系数；

b_2——气价对煤需求量的交叉弹性系数；

b_3——模型参数。

三、模型参数

模型中的分析变量主要来自经济统计而得的历史数据，其中的 GDP、煤炭需求量、煤价、气价等变量，都可以从国家的各种统计年鉴等中获得；而模型参数的确定，则需要通过最小二乘法求解得到。

对式（4-7）两边取对数有：

$$\ln NC_t = \beta_0 + \beta_1 \ln PC_t + \beta_2 \ln PG_t + \beta_3 \ln GDP_t \tag{4-8}$$

将上述分析变量的历史数据代入式（4-8），通过多元线性回归拟合，估计模型参数值。

四、分析流程

根据经济增长率的未来规划或趋势预测值，计算出预测期内的 GDP 值；通过规划或趋势预测，确定气、煤在预测期内的价格值；代入式（4-8），计算出预测期内原煤需求量；结合测定或规划的原油及新能源所占比例，计算预测期内的天然气需求量（具体计算流程如图 4-3 所示）。

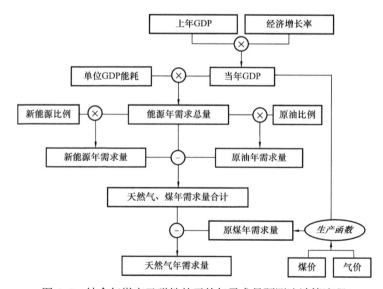

图 4-2　结合气煤交叉弹性的天然气需求量预测法计算流程

第五节 基于碳排放约束的需求量分析方法

一、基本原理

根据宏观经济的部门/行业划分，构建中国能源的消费结构模型（图4-3），将各个部门/行业的经济活动水平、能源消费强度、碳排放因子等作为模型驱动参数，在不同的参数优化情景方案下，自下而上地预测部门/行业、产业、国家的能源消费量，然后通过设定碳排放总量约束，基于不同能源类型（煤炭、原油、天然气、水/核/风电、其他新能源等）的碳排放特点和利用量进行平衡，最终得到天然气需求量（图4-4）。

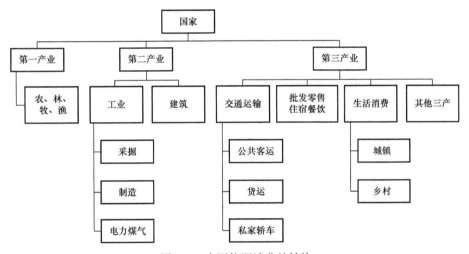

图4-3 中国能源消费的结构

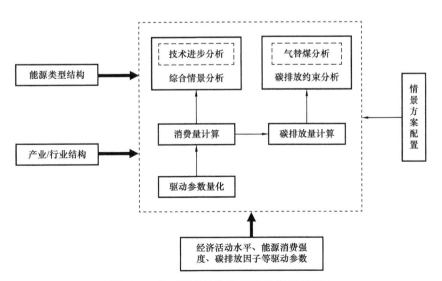

图4-4 基于消费结构和情景规划的预测法

二、数学模型

因为模型测算流程相对复杂，现将分析模型划分为能源消费总量、碳排放量、天然气利用量三个子模块分别进行论述。

1. 能源消费总量计算方法

能源消费总量从下级部门、行业汇总得出：

$$E = \sum_{\text{Dep}} E_{\text{Dep}} \qquad (4-9)$$

式中　E——能源消费量，10^4tce；

　　　E_{Dep}——某部门能源消费量，10^4tce。

$$E_{\text{Dep}} = \sum_{\text{Ind}} E_{\text{Ind}} \qquad (4-10)$$

式中　E_{Ind}——某行业能源消费量，10^4tce。

$$E_{\text{Ind}} = A_{\text{Ind}} I_{\text{Ind}} \qquad (4-11)$$

式中　A_{Ind}——某行业经济活动水平；

　　　I_{Ind}——某行业能源消费强度。

行业（或部门）的经济活动水平有两类计算方式，一种方法是按产值占比计算，如：

$$A_{\text{农业}} = \text{GDP} \times R_{\text{农业}} \qquad (4-12)$$

式中　$R_{\text{农业}}$——农业部门在全国 GDP 中的占比。

另一种方法是按照自身特点计算，如：

$$A_{\text{公交客运}} = PT_{\text{avg}} \qquad (4-13)$$

式中　P——人口总数；

　　　T_{avg}——人均公共交通出行次数，次 / 人。

不同部门和行业的能源消费量计算见表 4-1。

表 4-1　能源消费量计算数学模型

国家	产业	部门	行业	消费量
中国	第一	农业		GDP × 农业占比 × 农业单位 GDP 能耗
	第二	工业	采掘	GDP × 工业占比 × 采掘占比 × 采掘单位 GDP 能耗
			制造	GDP × 工业占比 × 制造占比 × 制造单位 GDP 能耗
			电力煤气	GDP × 工业占比 × 电力煤气占比 × 电力煤气单位 GDP 能耗
		建筑		GDP × 建筑占比 × 建筑单位 GDP 能耗

续表

国家	产业	部门	行业	消费量
中国	第三	批发零售住宿餐饮		GDP × 批发零售住宿餐饮占比 × 批发零售住宿餐饮单位 GDP 能耗
		交通运输	公共客运	人口总数 × 人均公共交通出行次数 × 人均客运能耗
			货运交通	货运载货公里数 × 每千米能耗
			私人	人口总数 × 人均私家车保有量 × 单车能耗
		生活消费	城镇	城镇人口数 × 城镇人均生活能耗
			乡村	乡村人口数 × 乡村人均生活能耗
		房地产		GDP × 房地产占比 × 房地产单位 GDP 能耗
		其他第三产业		GDP × 其他第三产业占比 × 其他三产单位 GDP 能耗

2. 能源消费碳排放量计算方法

按数据获取的层次，从下级部门汇总或单独计算：

$$\mathrm{EM} = \sum_{\mathrm{Dep}} \mathrm{EM}_{\mathrm{Dep}} \tag{4-14}$$

式中　EM——碳排放总量，$10^4 \mathrm{t}$；

　　　$\mathrm{EM}_{\mathrm{Dep}}$——某部门碳排放量，$10^4 \mathrm{t}$。

$$\mathrm{EM}_{\mathrm{Dep}} = \sum_{\mathrm{Ind}} \mathrm{EM}_{\mathrm{Ind}} \tag{4-15}$$

式中　$\mathrm{EM}_{\mathrm{Ind}}$——某行业碳排放量，$10^4 \mathrm{t}$。

$$\mathrm{EM}_{\mathrm{Ind}} = A_{\mathrm{Ind}} \times \sum_{\mathrm{Type}} \left(I_{\mathrm{Ind,Type}} \times Q_{\mathrm{Type}} \right) \tag{4-16}$$

式中　A_{Ind}——某行业经济活动水平；

　　　$I_{\mathrm{Ind,Type}}$——某行业内特定类型能源的消费强度；

　　　Q_{Type}——该类型能源的碳排放系数。

3. 基于碳排放约束的天然气利用量计算方法

基本思路是在碳排放总量和能源消费总量的约束下，通过煤和天然气之间的替代，实现碳排放目标和经济增长对能源需求目标，联立方程组求解，得到各能源消费量。

在已知其他能源消费量占比的情况下，将天然气消费量（E_{gas}，$10^8 \mathrm{m}^3$）、煤炭消费量（E_{coal}，$10^4 \mathrm{tce}$）设为变量，首先计算煤气消费总量（E_{cg}，$10^4 \mathrm{tce}$）：

$$E_{oil} = ER_{oil} \tag{4-17}$$

式中　E_{oil}——石油消费总量，10^4tce；

　　　E——中国能源消费总量，10^4tce；

　　　R_{oil}——石油消费量占比。

$$E_{new} = ER_{new} \tag{4-18}$$

式中　E_{new}——可再生能源消费总量，10^4tce；

　　　R_{new}——可再生能源消费量占比。

$$E_{cg} = E - E_{oil} - E_{new} \tag{4-19}$$

式中　E_{cg}——煤和天然气消费总量，10^4tce。

　　然后，计算煤和天然气排放总量（EM_{cg}，10^4t）。

$$EM_{fossil} = EM - EM_{other} \tag{4-20}$$

式中　EM_{fossil}——化石能源排放量，10^4t；

　　　EM——碳排放总量，10^4t；

　　　EM_{other}——其他类型碳排放量，10^4t。

$$EM_{oil} = E_{oil}Q_{oil} \tag{4-21}$$

式中　EM_{oil}——石油排放量，10^4t；

　　　E_{oil}——石油消费量，10^4tce；

　　　Q_{oil}——石油排放系数，t（碳）/tce。

$$EM_{cg} = EM_{fossil} - EM_{oil} \tag{4-22}$$

　　最后，根据煤和天然气碳排放系数，求解出在满足碳排放约束条件下的煤炭消费量（E_{coal}，10^4tce）、天然气消费量（E_{gas}，10^8m³）：

$$E_{coal} = \frac{EM_{cg} - Q_{gas}E_{cg}}{Q_{coal} - Q_{gas}} \tag{4-23}$$

式中　Q_{gas}——天然气排放系数，t（碳）/tce；

　　　Q_{coal}——煤炭排放系数，t（碳）/tce。

$$E_{gas} = \frac{E_{cg} - E_{coal}}{\beta_{gas}} \tag{4-24}$$

式中　β_{gas}——天然气折标煤系数，10^4tce/10^8m³。

三、模型参数

　　主要依据数据的可获得性，以中国能源统计年鉴为基础，依据能源消费产业/行业的划分，对不同行业能源消费特点进行分析，得到各部门/行业能源利用的驱动参数见表4-2。

表4-2　能源消费的驱动参数

产业	部门/行业		驱动参数	能源强度	碳排放
第一	农业、林业、牧业、渔业、水业		GDP、产业增加值占比	历史趋势拟合，并考虑技术进步和生活方式的改变	不同能源类型的碳排放因子
第二	工业		GDP、产业增加值占比/行业增加值占比		
	建筑业				
第三	交通业	客运	人口、人均出行次数、客运量占比		
		货运	GDP、货运量占比		
		私有车辆	人口、人均私车保有量		
	商业（批发、零售、住宿、餐饮）		GDP、产业增加值占比		
	其他第三产业				
	居民消费		人口数、人均居住面积		

按照获取方式和燃烧排放性质，能源可分为传统化石能源和可再生能源，传统化石能源包括柴薪、煤炭、石油和天然气，可再生能源包括太阳能、风能、地热、氢能等。本节的预测方法根据碳排放差异，设计的能源构成包括了煤炭、原油、天然气和可再生能源4类，不同类型的能源具有不同的能源强度和碳排放因子。

四、分析流程

基于消费结构和情景规划的预测方法流程如图4-5所示。依据中国的能源消费结构和能源类型，对不同类型能源在不同部门/行业的消费量的驱动参数进行定量赋值及设置优化情景，参数子情景组合得到的综合情景方案（图4-6）；自下而上计算部门/行业、产业以及国家的天然气消费量。另外，在碳排放总量和能源消费总量约束下，基于不同

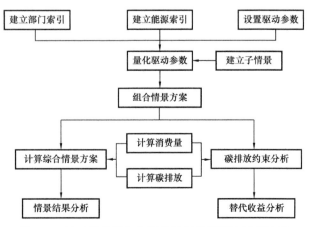

图4-5　基于消费结构和情景规划的预测法计算流程

能源类型的碳排放特点和利用量进行平衡，可以对天然气替代煤炭的方案进行分析和评价（图4-7）。

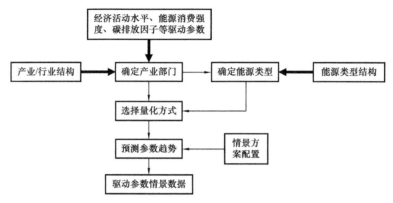

图 4-6　模型驱动参数的量化赋值及情景设置流程

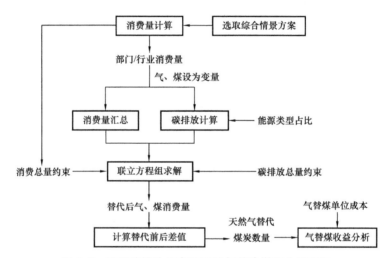

图 4-7　基于碳排放约束的天然气替代煤炭分析流程

第五章　天然气开发经济效益分析方法

经济效益评价是指对项目的成本效益进行评价的过程。项目经济效益评价的依据是国家的会计制度、税收法律制度和其他相关法律。项目经济效益评价内容就是通过估计项目的收益和成本，测算项目的财务效益和利润，编制相应的财务报表，计算所有的评价指标。项目经济效益评价的结果就是对财务盈利能力进行分析，对清偿债务能力进行分析，综合考察项目的获利能力和项目的偿债能力。通过相关财务指标的分析，最终判断项目是否具有财务上的可行性。

本章首先阐述了评价企业经济效益的几个常见方法，包括经济增加值法、平衡计分卡法和杜邦分析法等，这些方法从财务、客户、内部运营、学习和成长等多个角度评价企业的综合绩效，但对投资、成本、税收等方面的具体构成分析较少。

现代投资项目的经济效益评价体系，首先是将资本投入、生产成本、产品价格、税收费用以及项目对社会和环境的影响等，进行构成项目的分解，然后以现金流为基础进行项目的财务指标计算，实现投资项目的经济效益评价。

本章提出的天然气供气项目经济效益分析方法，采用了现代投资项目评价体系，并依据天然气开发的特点，分别建立了单井投资效益评价方法和供气单元整体效益评价方法。

第一节　经济效益分析方法

一、经济效益计量型评价方法

1. 经济增加值（Economic Value Added，EVA）法

1）基本原理

经济增加值（EVA）是指扣除债务资本和权益资本成本后的利润，反映了企业剩余收益的多少。EVA 是一个更能体现企业实际价值创造的经济指标，有助于实现管理层目标和投资者目标的一致[17]。当 EVA 大于零时，表明当期利润在扣除资本成本后还有余额，为投资者创造了实际价值；当 EVA 小于零时，表明企业创造的收益额不足以补偿投资者的资本成本。EVA 更能反映真实的价值创造能力，也有助于克服管理者为追求短期利益而放弃有价值的长期投资的问题，有利于引导企业的资源分配、日常经营等活动更能从

企业价值增长的角度出发。

2）计算方法

EVA 等于税后经营净利润减去企业的加权平均资本成本，反映了实际创造的财富，EVA 计算公式为：

$$EVA = 税后净营业利润 - 资本成本$$
$$= 税后净营业利润 - 调整后的资本总额 \times 加权平均资本成本率$$

由于不同的国家或地区在不同时代的会计标准和资本市场存在差异，经济增加值的计算方法不尽相同。主要区别于两点：一是在计算税后净营业利润（Net Operating Profit after Tax，NOPAT）和投入资本时，需要做一些调整；二是加权平均资本成本率的确定需要参考资本市场的历史数据。

$$税后净营业利润 = 营业利润 + 财务费用 + 当年计提的坏帐准备 +$$
$$当年计提的存货跌价准备 + 当年计提的长短期投资减值准备 +$$
$$当年计提的委托贷款减值准备 + 投资收益 + 期货收益 -$$
$$EVA 税收调整$$

$$EVA 税收调整 = 利润表上的所得税 + 税率 \times（财务费用 + 营业外支出 -$$
$$固定资产、无形资产、在建工程的减值准备 - 营业外收入 - 补贴收入$$

$$债务资本 = 短期借款 + 一年内到期长期借款 + 长期借款 + 应付债券$$

$$股权资本 = 股东权益合计 + 少数股东权益$$

$$加权平均资本成本率 = 债务资本成本率 \times \frac{股权资本}{股权资本 + 债务资本} +$$
$$股权资本成本率 \times \frac{股权资本}{股权资本 + 债务资本}$$

其中，债务资本成本率可取 3～5 年期中长期银行贷款基准利率。

$$股权资本成本率 = 无风险收益率 + \beta \times 市场风险溢价$$

其中，无风险收益率可采用上交所当年最长期国债年收益率，市场风险溢价计算可参照市场风险状况。系数 β 的计算，日值可通过公司股票收益率对同期股票市场指数（如上证综指）的收益率回归计算获得。

2. 平衡计分卡（Balanced Score Card，BSC）法

平衡计分卡本身属于一种绩效评价体系，于 20 世纪 90 年代由哈佛大学教授罗伯特·卡普兰和诺顿研究所首席执行官大卫·诺顿共同提出，其研究目的是"超越传统的财务衡量绩效评价模型"，将组织的"战略"转化为"行动"，它的提出，成功地将组织战

略从财务、客户、内部运营、学习和成长维度的不可知行为，转化为可衡量的指标和目标价值。

平衡计分卡作为一种主要从财务、客户、内部运营、学习和成长4个维度来衡量指导企业绩效评价工作的绩效管理的手段，试图通过4个维度之间的因果逻辑关系来实现企业绩效和企业战略。在平衡计分卡中，财务维度是衡量股东成功与否的一个指标；客户维度表示客户如何看待企业的产品或服务；内部运营维度代表有利于业务的关键业务流程；学习和成长维度是有助于持续改进关键流程和客户关系的因素[18]。

3. 杜邦分析法

杜邦分析法是美国的一家名为杜邦的公司最先使用的，并以该公司的名字命名，是一种全新的对企业资金流动进行权衡的方法。这种方法的实施是以掌握公司运营利润和股份实现的收益情况为目标，它把企业的纯收益作为最为重要的部分，通过企业的财会周转情况，获得收益等情况统筹联合，并将各种衡量标准进行分析，健全评测机构，实现企业内部能够实现由管理层到基层职员之间的联动，共同实现对运营收益的评测[19]。这种方式可以把企业的资金周转在各个环节的表现形式理顺，而且可以快速把握造成变化的条件，为企业从整体上进行管控决策提供参考标准。

这种方法的不足之处在于没有对资金流转的情况进行量化，这是该种方式实现的方式决定的，企业产生的亏损情况，是其进行分析的关键。

二、现代投资项目经济评价体系

1. 基本原理

目前市场上采用的都是现代投资项目经济评价体系，从理论来看，投资项目的国民经济评价、社会经济评价与财务评价依然作为现阶段最主要的评价方法构成部分，它们是投资者站在不同层次以不同的评价目标从不同的角度分析项目的建设会给国家、社会和投资者带来的影响，综合地对项目的可行性进行评判[20]。国民经济评价和社会评价是在中国特色社会主义制度下，根据市场经济的远期规划、国家的可持续发展战以及和谐社会建设的根本需求，站在宏观的角度来衡量该项目的实施能够给国家的经济指标和社会效益指标提供的贡献，据此判断项目是否可行；企业财务评价是站在投资者自身的角度，根据项目的收益是否能达到自己的预期水平来决定项目的是否实施。

1）国民经济评价

无论是经济发达国家还是较为落后的国家，储藏的资源总量是有一定限度的，且大多为不可再生资源。由于资源的极度稀缺，那么正常运转的市场的作用就体现出来，通过对当下要进行的经济项目进行分析，将资源在不同用途以及不同阶段上进行合理分配以得到最大的社会福利。对于那些外部成本费用过高的市政工程和基础设施建设项目，根本就无法通过企业内部化予以解决，国家提供的公益资金与基础建设资金此时便派上用场。盈利性这个评价指标就不适用于投资金额大而收益率低的公益项目，因为无论怎么经营，可能都避免不了企业亏损，只能说尽可能地减少政府补贴的支出。基础性建设项目关系到国家的经济结构布局是否合理，因此通过经济费用效益分析能够比较客观公正地进行评价。

投资项目的经济费用效益分析是建立在财务评价的基础上的，只是用经济效益和经济费用将财务部分替换掉，剔除掉没有新增资源产生的转移支付，用影子价格、影子汇率和社会折现率来分析未反映到直接效益中的那部分无形的外部效益。

2）社会评价

项目社会评价是识别和评价拟建项目在建设期和运营期对社会带来的各种影响，调查当地对该项目的接受容纳程度，是推动社会效益得到一致好评还是造成了社会矛盾与纠纷。目前来看我国的社会评价没有定量的评价方法，行业上没有一个明确的规范，导致定性评价指标与方法也存在差异。项目对社会各项发展的影响可从正面和反面来进行评判，正面影响包括为当地增加了更多的就业机会、拉动村镇的经济、增加投资的机会、全面地提升周边村镇的生活水平；反面的影响包括项目建设征地拆迁对所在地以妇女为户主的家庭造成的灾难性打击，土地被征用后，以种植为生计的人将失去生活来源，因此移民的关键是为他们提供再就业的机会，最大限度地降低征地对他们的不利影响。项目基于公路运输的性质，建设生产期间将不可避免地对运输沿线造成影响，例如现有道路占用率增加导致的交通堵塞、尾气噪声对沿线居民的影响等。因此，研究项目是否能与当地社会相处融洽、是否能得到当地政府居民的支持就成了社会评价的关键。

3）财务评价

站在企业立场上的财务评价，是根据国家颁布使用的财政税收制度、市场价格规律分析计算该项目的直接效益与费用，通过确定的财务指标对该项目的投资回报率与承担的风险作出评价，判断项目是否值得实施。例如所谓石场项目财务评价就是对已探明石料品质及储量的采石场所能创造价值的研究，具体来说，就是根据砂石勘探结果，结合市场行情对采石场未来开发利用经济价值的预测，并对投资收益作出估算。采石场的经济价值是由它的石料品质、储量、工艺水平、经济地理环境和市场供需关系等多方面的因素综合决定的。从经济学的角度来说，投资行为最主要的目的就是用最少的资金投入获得最多的收益，达到相对收益率的最高值，不论这个目的是否能够达到，对这些投资项目都必须进行财务评价。

2. 基本内容

1）财务效益与费用估算

财务效益与费用是财务分析的根基所在，精确的计算值能为后续经济指标的计算提供良好的基础，其估算准确性将从根本上对投资者的决策造成影响，一定程度上左右决策的进行。

（1）投资估算。

项目投资估算是指投资项目从可行性研究开始到项目完工投入使用为止，需要投资者注入的全部资金，由固定资产投资和流动资金两部分组成。固定资产投资即为项目的工程造价，由建安工程费、设备工器具购置费、工程建设其他费用、预备费和建设期贷款利息组成，可编制项目建设投资估算报表予以直观地表达。

（2）成本费用计算。

总成本费用由生产成本和期间费用组成，期间费用由管理费用、财务费用和营业费用构成，经营成本费用的计算方式为：

$$经营成本费用 = 总成本费用 - 折旧费 - 摊销费 - 利息支出$$

（3）收入和税金估算。

收入和税金通常包括销售收入和所得税等。

2）财务评价

（1）盈利能力指标分析。

盈利能力分析就是对项目投资的盈利水平给予一个定量分析，可以从两方面开展：首先是将资金的时间价值予以考虑在内的动态指标，如：项目投资的财务内部收益率（Financial Internal Rate of Return，FIRR）、财务净现值（Financial Net Present Value，FNPV）、动态投资回收期、资本金内部收益率；其次是按照静态方法评价项目达到设计生产能力时的正常生产年份可能获得的利润大小，例如采用总投资收益率、资本金净利润率这些指标完成分析。全面直观地为投资者提供决策参考。

财务内部收益率（FIRR）是指项目从筹建到停产的时间段内累计净现金流量等于零时的折现率。从经济学的角度来说，就是项目达到寿命期后，建设期投资金额全部回收，投资者不亏不盈的收益率，可以用来衡量资金的使用效率。内部收益率越大，表明项目期内获得的收益越多；计算可求出内部收益率 FIRR 的具体值，通常是处于零到无穷大的范围，再与行业基准收益率 i_c 相比，当 FIRR $\geqslant i_c$ 时，项目具备获利能力，从财务上来说都是可以考虑接受的，区别在于收益率的高低程度不同。FIRR 通过线性内插法求解，表达式为：

$$\text{FIRR} = i_1 + \frac{\text{NPV}_1}{\text{NPV}_1 + |\text{NPV}_2|}(i_2 - i_1) \qquad (5-1)$$

式中　i_1——低折现率（试算用）；

　　　i_2——高折现率（试算用）；

　　　NPV_1——用 i_1 计算的净现值（正值），亿元；

　　　NPV_2——用 i_2 计算的净现值（负值），亿元。

财务净现值（FNPV）计算方式是在项目完整计算期内，将每年的净现金流量按照行业基准收益率 i_c 折现到建设期初的累计值。表达式为：

$$FNPV = \sum_{i=0}^{n} NCF_t \left(1 + i_c\right)^t \qquad (5-2)$$

式中　FNPV——项目财务净现值，亿元；

$\quad\quad n$——计算期，$n=1$，2，3，$\cdots$；

$\quad\quad NCF_t$——第 t 年净现金流量，亿元。

投资回收期（P_t）是指以项目所得累计净收益刚好回收项目投资所需要的时间，宜从项目建设第一年算起。编制财务现金流量表的过程中，当表中累计净现金流量等于 0 的时候，需要消耗的时间就是投资回收期，计算公式为：

$$P_t = \left(T-1\right) + 第\left(T-1\right)年的累计折现值的绝对值 / 第 T 年的净现金流量$$

式中　T——累计折现值出现正值的时间，a。

投资回收期短，意味着资金能够以较快速度回到投资者手中，能够相对弱化投资过程中遭遇到的风险。

总投资收益率（R_Z）是指项目生命期内年平均息税前利润与项目总投资的比值，计算公式为：

$$R_Z = \frac{EBIT}{TI} \times 100\% \qquad (5-3)$$

式中　EBIT——生命期内年平均息税前利润，亿元；

$\quad\quad$ TI——总投资，亿元。

资本金净利润率（R_E）是指项目生命期内年平均净利润与项目资本金投资的比值，表示项目资本金投资的获利能力，计算公式为：

$$R_E = \frac{NP}{EC} \times 100\% \qquad (5-4)$$

式中　NP——项目生命期内年平均净利润，亿元；

$\quad\quad$ EC——项目资本金，亿元。

（2）偿债能力指标分析。

资产负债率（LOAR）是指年末负债总额与资产总额的比率：

$$LOAR = \frac{TL}{TA} \times 100\% \qquad (5-5)$$

式中　TL——年末负债总额，亿元；

$\quad\quad$ TA——年末资产总额，亿元。

3）不确定性分析

为了正确地进行投资决策，仅仅对项目进行上述财务评价和分析是不够的，还要考虑因对未来的预测不够准确而导致投资外部条件变化规律与预想中的不同时，以及这种变化发生的可能性将会对投资方案经济效果的影响程度。只有在考虑了各种易出现波动的不确定因素对评价指标造成的不良影响后，已确定的经济指标仍然比基准参考值高，经济上才是可以考虑接受的。国家发展改革委、建设部《建设项目经济评价方法与参数》中明确规定，在进行投资项目评价时，必须进行不确定性分析。这是因为，项目评价所采用的数据，大都是评价人员根据同类型项目或是经验预测和估算出来的，含有的不确定性就是与实际情况产生偏差的原因，导致了实际发生的风险可能会超出预估。

（1）盈亏平衡分析。

盈亏平衡分析是指通过计算项目投入使用后的盈亏平衡点（Break Even Point，BEP），分析项目成本费用与总销售收入的平衡关系。使用不确定因素（如产品销售量、出售单价、总投资费用、成本、生产期等）在一定波动范围内的变化分析对项目经济收益产生的影响，判断项目应对外部条件改变而做出自身调整的能力和抵御突发事件降低损失的能力。盈亏平衡分析只用于财务分析。根据成本、收入和销量三者数据值之间的关系可将盈亏平衡分析分类为线性盈亏平衡分析和非线性盈亏平衡分析。

通常，项目的盈亏平衡点计算公式为：

$$C_V = \frac{TC - C_f}{Q_c} \qquad (5-6)$$

$$Q^* = \frac{C_f}{P - C_V} \qquad (5-7)$$

式中　TC——总成本，亿元；

　　　C_f——固定成本，亿元；

　　　Q_c——达产的产量，$10^8 m^3$；

　　　P——单位产品价格，元 /m^3；

　　　Q^*——盈亏平衡点销售量，$10^8 m^3$。

通过上述公式的计算，可找出盈亏平衡点 Q^*，平衡点处在坐标轴中的位置越低，意味着该项目抵御市场风险获得可靠收益的能力越强（图 5-1）。

（2）敏感性分析。

敏感性，就是指项目在通过既定评价指标完成财务评价的基础上，出现一个或是多

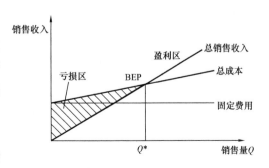

图 5-1　盈亏平衡分析图

个不确定因素产生变化时，选定的经济评价指标随之改变的幅度。根据不确定因素单位变动幅度造成评价指标变化幅度的大小，来判断这个不确定因素是否敏感。敏感性分析，就是要针对影响项目的若干因素，通过定量地计算每个不确定因素发生某一幅度的变化时经济评价指标随之变化的具体数值，找出其中的敏感性因素，并计算敏感度系数，得到敏感性最为显著的因素，从而提示决策者要谨慎推敲这些因素在未来将会对项目造成什么样的后果，对将要承担的风险进行预测。根据分析过程中不确定因素同时发生改变的个数来对敏感性分析进行分类，可分为单因素敏感性分析和多因素敏感性分析。单因素敏感性分析是只有一个不确定因素的变动对指标造成影响程度，单独分析这个可变因素，得到敏感曲线。多因素敏感性分析更贴合实际，因为在项目实际的运营过程中，各敏感性因素的变动具有关联性，往往都是同时发生变化，因素的变动都不是独立的，综合地对经济评价指标产生影响。进行多因素敏感性分析要考虑两个及两个以上敏感因素以不同的变动幅度进行交叉组合，计算过程较为复杂，最终得到一个敏感曲面。

（3）风险性分析。

风险是指发生的没有预测到的事件实际造成的结果与主观的预期之间的差异伴随着利益受损的可能性。尽管针对项目的所有前期工作已经做了大量的研究，但是这些都是人为的预测与经验值的推断，其本身具有不确定性，而风险是不可避免的，因此应对风险进行评估，预测可能会造成的不良后果并提前采取规避措施使之弱化或是转移，将损失降到最低。风险应对策略应具有针对性、可行性和经济性，根据项目类型的不同来判断分析风险的类别，例如市场风险是指市场供需关系改变、实力强劲同行的加入或抢占市场策略失败等因素对项目造成的损失。项目建设风险是指由于施工队伍水平过低、设计出现重大错误或是不可抗力的发生造成的项目进度延迟、质量不过关而造成的损失。

第二节　基于单井投资的生产项目经济效益分析

中国天然气生产项目（如已开发/未开发气田、新增储量等）的效益评价，主要由产量预测、项目经济评价两部分组成。其中，项目经济评价是在估算项目的整体勘探开发投资、生产经营成本和费用的基础上，采用现金流模型计算项目的财务收益指标（内部收益率、净现值和资产回报率等）。根据气田类型的不同，可以采用基于气田整体投资估算和基于单井投资估算两种方式（图5-2）。

一、基于单井投资的项目经济评价

基于单井投资的估算方法主要考虑了典型气井的投资构成（勘探、钻井、地面建设、骨架工程等），通过气田预测期内的钻井数量的预测结果，估算气田的总投资和生产成本，代入现金流模型进行项目效益评价（图5-3）。

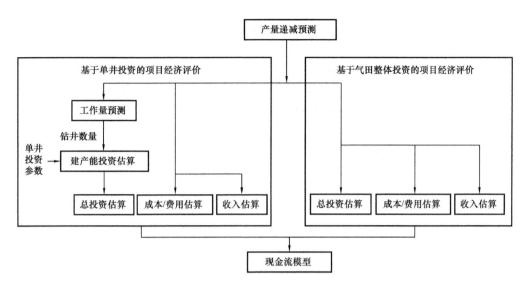

图 5-2　生产项目经济评价方式

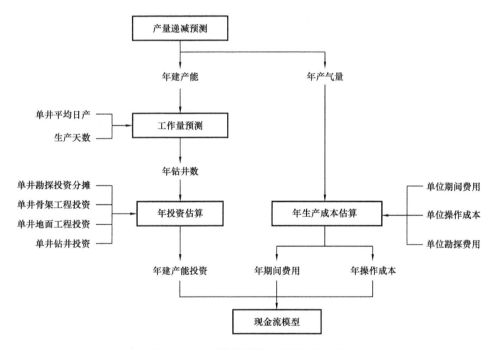

图 5-3　基于单井投资的项目经济评价

二、按钻井成功率分解勘探投资

如图 5-4 所示，在评价新增储量项目的经济效益时，其探明储量所需的勘探投资依据钻井成功率分解为两部分：成功探井发生的投资，转化为固定资产，通过折旧逐年收回；而失败探井发生的投资，计入投资发生当年的现金流出。

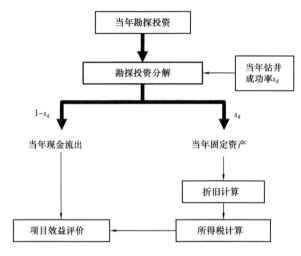

图 5-4　按钻井成功率分解勘探投资图解

第三节　国内天然气投资整体经济效益分析

国内天然气的供气来源包括进口项目（进口管线、进口 LNG 等）和生产项目（包括已开发气田、未开发气田和新增储量等）两类，它们的经济效益评价以现金流模型为基础，但不同类型、不同区域和不同储层条件的供气项目在天然气气价、税收及补贴政策、投资构成、成本及费用估算存在不同程度的差异，项目经济效益的具体评价内容并不相同。

在进行国内供气潜力（情景）分析或供需平衡（情景）分析时，需要对供气项目的收入、税金、投资、成本等进行汇总，形成国内天然气的整体投入产出数据，并依据整体上的财务参数，重新计算整体投资的财务评价指标（内部收益率、累积净现值和投资回报率等），用以评估国内供气规模的整体效益（图 5-5）。

综合上述方法，在国家现行财税制度和价格体系的前提下，计算项目范围内的财务效益，分析项目的盈利能力、清偿能力和财务生存能力等，评价项目在财务上的可行性。

一、投资估算

天然气勘探开发项目总投资主要是指项目建设和投入运营所需要的全部投资。

1. 产气项目投资

产气项目在生产过程中，为完成项目的产量目标，在生产期新增探明储量而发生的勘探投资以及为弥补产量递减打加密井或扩边井而发生的钻井和地面建设投资，作为资本化勘探投资和开发投资，全部计入油气资产原值并提取折旧；已开发气田在预测期前的资产净值计入项目评价的天然气投资净值并提取折旧。

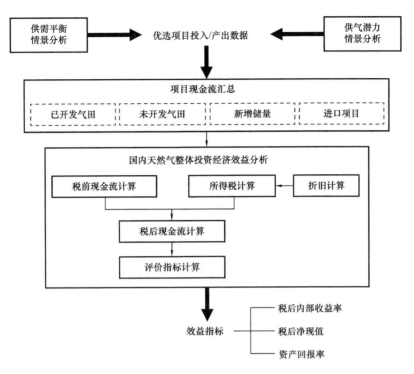

图 5-5 国内天然气投资整体效益评价流程

2. 项目资产折旧

折旧是为了补偿油气资产在生产过程中的价值损耗而提取的补偿费用。根据现行规定，折旧采用按比例平均分摊方法，其计算公式为：

$$年折旧 = 天然气资产值 \times 折旧比例$$

二、成本和费用估算

项目所支出的费用主要包括成本费用、税金及运营期维护性投资等。

1. 总成本费用

总成本费用指油气开发建设项目在运营期内为油气生产所发生的全部费用。不同类别的供气项目（进口管道气项目、进口 LNG 项目、国产气项目），在项目总成本上有不同的构成项。

1）进口管道气项目

进口管道气项目的总成本包括天然气入境费用和边境至首站处理费用。其中，天然气入境费用由进口合同决定，边境至首站处理费是指管道输入的天然气在首站内部的处理费用。

$$进口管道气年总成本 = 入境费用 + 边境至首站处理费用$$

2）进口 LNG 项目

进口 LNG 项目的总成本包括天然气入境费用和接收站内处理费用。其中，入境费用由进口合同决定，接收站内处理费用是指运到的天然气在接收站内部的处理费用。

$$进口 LNG 年总成本 = 入境费用 + 接收站内处理费用$$

3）国产气项目

国产气项目的总成本包括开采天然气的操作成本、期间费用和资产折旧。其中，操作成本是指对气井进行作业、维护及相关设备设施生产运行而发生的费用，期间费用包括管理费用、财务费用、营业费用以及勘探费用等。

$$气田年总成本 = 操作成本 + 期间费用 + 折旧$$

$$气田年经营成本 = 操作成本 + 期间费用$$

2. 税费

天然气开发项目经济评价涉及的税费主要包括增值税、城市维护建设税、教育费附加、资源税、所得税等。在天然气供气模型中，采用综合税率和所得税率计算天然气销售所需支付的税费：

$$综合税费 = 销售收入 × 综合税率$$

3. 所得税

所得税是对企业就其生产经营所得和其他所得征收的一种税。根据国家有关企业所得税的法律、法规以及相关政策，正确计算销售利润，并采用适宜的税率计算企业所得税：

$$销售利润 = 销售收入 – 综合税费 – 总成本$$

$$所得税 = 销售利润 × 所得税率$$

$$税后利润 = 销售利润 – 所得税$$

按照所得税暂行条例规定"纳税人发生年度亏损的，可以用下一纳税年度的所得弥补；下一纳税年度的所得不足弥补的，可以逐年延续弥补，但延续弥补期最长不得超过 5 年。"因此，当出现年度亏损时应注意用下一年的所得予以弥补：

$$所得税 = （销售利润 – 用于弥补以前年度亏损额）× 所得税率$$

三、收入

1. 进口项目

进口项目通过销售天然气商品取得的营业收入，应根据合同规定的分年天然气进口量和销售价格计算：

$$进口项目年销售收入 = 天然气年进口量 × 天然气价格$$

2. 产气项目

产气项目通过销售天然气商品取得的营业收入，应根据气藏工程方案确定的分年天然气产量、天然气商品率和销售价格计算：

$$气田年销售收入 = 天然气年产量 × 天然气商品率 × 天然气价格$$

天然气商品量可根据天然气产量和天然气商品率计算。天然气商品率应根据天然气生产或处理过程中发生的损耗和自用情况综合确定，外供其他油气田或区块而非本气田或区块自用的气量均为商品量。

四、财务评价

财务评价是在项目财务效益与费用估算的基础上，使用现金流法，计算经济评价指标，分析评价项目的盈利能力，判断项目的财务可接受能力，为项目决策服务。

1. 现金流量估算

供气项目的现金流入主要包括营业收入和补贴收入等，现金流出主要包括探明储量的勘探投资、建设产能的开发投资、操作成本、综合税费、所得税等。对于已开发气田，将利用预测期前的气田资产作为资产净额列入预测期首年。税前和税后的现金流量计算公式如下：

$$现金流入 = 销售收入$$

$$税前现金流出 = 综合税费 + （投资净值 + ）新增储量投资 + 建产能投资 +$$
$$气田经营成本（或进口总成本）$$

$$税前净现金流量 = 现金流入 - 税前现金流出$$

$$税后现金流出 = 税前现金流出 - 所得税$$

$$税后净现金流量 = 现金流入 - 税后现金流出$$

2. 评价指标计算

供气项目的财务评价指标主要包括内部收益率（IRR）、净现值（NPV）以及投资回报率等，用于评价项目的盈利能力和投资回报能力。

1）基准收益率（i_c）

作为评价参数的行业基准收益率代表行业内投资项目应达到的最低财务盈利水平，

是行业内项目财务内部收益率的基准判据，也是计算财务净现值的折现率。

《中国石油天然气集团公司建设项目经济评价参数》（2008）给定的天然气建设项目基准收益率见表5-1。

表5-1　天然气建设项目基准收益率　　　　　　　　　　　　单位：%

分类名称	国家基准收益率（税前）	中国石油基准收益率（税后）
气田勘探与开发	12	12
其中：难采气田		10
跨国管道项目		12
LNG		12

2）内部收益率（IRR）

项目的内部收益率（IRR）是指能使项目预测期内净现金流量现值累计等于零时的折现率。即IRR作为折现率应使下式成立：

$$\sum_{t=1}^{n}\left(CI-CO\right)_{t}\left(1+IRR\right)^{-t}=0 \tag{5-8}$$

式中　CI——第t年现金流入，亿元；

　　　CO——第t年现金流出，亿元；

　　　$(CI-CO)_t$——第t年的净现金流量，亿元；

　　　n——项目预测，a。

依据中国石油规定，供气项目的内部收益率（FIRR）是用所得税后现金流量计算得来的。

3）净现值（NPV）

净现值（NPV）是指按设定的折现率（一般采用基准收益率i_c）计算的项目预测期内净现金流量的现值之和，计算公式（变量含义同收益率计算公式）为：

$$NPV=\sum_{t=1}^{n}\left(CI-CO\right)_{t}\left(1+i_{c}\right)^{-t} \tag{5-9}$$

同样，净现值（FNPV）可以按所得税前和所得税后分开计算。

4）净资产收益率（ROA）

净资产收益率（ROA）是项目投资的资产净值的收益，它涵盖了企业的获利目标。计算方法为：

净资产收益率 = 税后利润 /（总投资 - 总折旧）

5）投资回报率（ROI）

投资回报率（ROI）是项目的投资收益，它涵盖了企业的获利目标。计算的方法为：

投资回报率 = 税后利润 / 总投资

第六章 天然气供气项目优化方法

在天然气供需平衡分析时，会出现供大于求的情景，也可能存在资金限制、供气项目不能全部建设的情景，这时就需要对供气项目进行优化组合。首先对供气项目进行多目标打分，按照指标重要程度或优先级，进行排队，优选优先开发的供气项目。

第一节 中国天然气来源概述

一、国内天然气资源

中国天然气资源量大于 $1 \times 10^{12} m^3$ 的盆地有 9 个，包括鄂尔多斯盆地、松辽盆地、柴达木盆地、莺琼海盆地、塔里木盆地、准格尔盆地、四川盆地、潮海湾盆地和东海盆地，它们的天然气总资源量约占全国天然气资源总量的 80%。从地理环境分布看，主要分布在中西部，其中沙漠地区占 26%、山区占 25%、黄土高原占 12%、海域占 21%；从资源深度分布看，在浅层、中深层、深层和超深层分布相对比较均匀；从资源品位分布看，可采资源中优质资源占 76%、低渗透资源占 24%。

发展至今，天然气工业已进入快车道，特别是伴随鄂尔多斯盆地、四川盆地和塔里木盆地天然气的大规模开发，中国天然气年产量自 2004 年以来，几乎以每年增加 $100 \times 10^8 m^3$ 的速度快速攀升，近 10 年的年均增长率为 12.5%[21]。

二、进口管道天然气

中国陆上进口的管道天然气主要来自 3 个方向：中亚天然气管道、中缅天然气管道、中俄天然气管道。中亚天然气管道的 4 条线，对华输气水平能达到 $800 \times 10^8 m^3/a$；中缅天然气管道的设计输气能力为 $120 \times 10^8 m^3/a$；中俄天然气管道从 2018 年开始每年向中国供应 $380 \times 10^8 m^3$ 的天然气。

三、进口 LNG

LNG 可以节约天然气的储运空间和成本，很好地促进了天然气资源通过海上运输在世界范围的广泛流动。目前中国已经建成和规划 LNG 接收站项目 20 余个，全部完成后将最终构成一个遍布沿海地区的 LNG 接收站和输送管网。

不同来源天然气由于合同指标、投资和供应方式等不同，在供气项目优化中需从多个角度统筹考虑，设定优选指标和优先顺序。

第二节　基于综合评分的天然气项目优选

进行天然气项目优化有助于在供大于求时优选供气项目，使得供气项目组合满足需求、效益、安全、可持续等多重目标。供气项目的优选评分指标包括收益优先级、开发阶段、项目可靠程度和财务评价指标等。

一、进口气项目综合评分

进口气项目通过经济评价后，有经济效益的项目被筛选出来，可以成为中国天然气的供气来源。根据天然气进口合同的签订与否，赋予不同的评分指标值。具体评分原则如下：

（1）有经济效益的进口项目可供筛选；

（2）预测期内上年已启动的进口项目优先，未启动的进口项目其次；

（3）预测期内已启动的进口项目按合同数据确定供气量；

（4）预测期内新启动的进口项目根据供需平衡关系确定供气量；

（5）可靠程度高者优先；

（6）经济收益高者优先。

二、国产气项目综合评分

类似地，国产气项目通过经济评价后，有经济效益的项目被筛选出来，可以成为中国天然气的供气来源。根据项目投产与否，赋予不同的评分指标值。具体评分原则如下：

（1）有经济效益的进口项目可供筛选；

（2）预测期内上年已启动的气田优先，未启动的气田其次；

（3）气田按气藏特性确定（供大于求时的）减停产优先级和减产比例；

（4）预测期内气田根据供需平衡关系、减停产优先级和减产比例确定供气量；

（5）可靠程度高者优先；

（6）经济收益高者优先。

三、天然气供气项目优选

通过设定不同效益指标组合方案，对进口气项目和国产气项目进行项目评分和排序，优选后汇总形成中国总的供气数量（图6-1）。

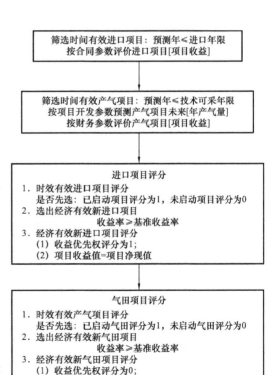

图6-1　天然气项目优选流程示意图

第七章　天然气供需情景规划方法

情景规划分析方法最早用于军事方面，经过几十年的发展，情景规划分析法以其特有的优势在能源领域中得到了广泛的应用。本章基于情景规划分析法的优势，将情景规划分析方法应用于天然气供应，对天然气的储量和供需趋势进行情景规划分析，确定情景规划分析所需的不确定性参数，建立起不确定性参数的情景变化模型，配置情景分析方案，按方案调整预测期内参数值，重新预测天然气需求量、储量，重新预测和评价供气潜力，并平衡天然气供需趋势，为企业制定相关战略规划提供建议。

第一节　情景分析方法概述

一、情景分析及其特点

1. 情景与情景分析法

"情景"一词最早出现于 1967 年 Kahn 和 Wiener 的《2000 年》一书，书中认为：对可能的未来以及实现这种未来的途径的描述构成一个"情景"；而情景分析法（也叫作前景描述法或脚本法）则是对经济、产业或技术的演变提出各种关键假设，通过推理和描述来构想未来各种可能方案，进而发现未来的变化趋势，同时分析过高或过低的估计对未来的变化及其影响[22]。

2. 情景分析法特点

尽管情景分析法的应用范围很广，但却表现出不少共同的特点：
（1）承认未来有多种可能发展的趋势，其预测结果也将是多维的；
（2）把决策者的意图作为情景分析中的一个重要方面；
（3）注意对未来趋势起重要作用的关键因素、一致性关系的分析；
（4）情景分析利用大量的定性分析，以指导定量分析的进行；
（5）情景分析所使用的技术方法手段来源于其他相关学科，重点在于有效获取和处理专家的经验知识，因而具有心理学、未来学和统计学等学科的特征。

二、情景分析理论基础

1. 构成要素

情景分析法由 4 个要素构成：结束状态、策略、驱动力、逻辑。

2. 情景类型

情景分析法将需要分析的对象状态按结局和约束分为 3 种类型：

（1）即时情景，由分析当前市场策略为起始，探讨改变现在的策略将会出现什么变化；

（2）不受限的"如果—那么"情景，来自开放式结局或者是不受限的"如果—那么"问题，这些问题通常暗示着可能的结束状态，例如一个完全新的竞争策略；

（3）受限的"如果—那么"情景，需要构想出完全不同的计划，这些计划允许情景设计者深入地评估一些迥然不同的竞争者的行动和行动造成的结果。

3. 分析原则

情景分析方法的主要原则有：

（1）系统分析。对复杂系统整体性的认识和分析。

（2）开放式未来。把多种可能的结局考虑进来。

（3）策略性思考。策略性地考虑企业的长远利益。

4. 分析中的不确定性

情景分析理论认为"影响系统"本质上的不确定因素是无法预测的，其中影响系统是指影响事件发展趋势的、相互联系、相互影响的多种因素构成的体系。

只有通过对"影响系统"及其可预测的、规律性的因素的更多了解，才能降低不确定性，从而预测未来的某些发展，在分析过程中需要采用科学、系统的方法来把可预测的同不确定的分离开来。

三、情景分析步骤

情景分析法并没有绝对固定的分析模式可循，但通过对大量的情景分析案例总结可以得出情景分析法的主要工作步骤：

（1）明确决策目标。分析的目标问题应该是重要的、不确定的，这样情景分析方法的应用才有价值。

（2）识别关键因素。通过对分析对象的结构、状态和变化进行剖析，确认所有影响决策的外在环境因素，如市场需求、企业生产能力和政府管制力量等。

（3）分析外在驱动力量。分析影响决策的关键因素的未来状态（包括政治、经济、社会、技术各层面），同时将不能改变的驱动因素（如人口、文化价值等）识别出来。

（4）选择不确定的轴向。将驱动力量以冲击水平程度和不确定程度按高、中、低加以归类，在高冲击水平、高不确定的驱动力量组中，选出 2～3 个相关构面，称之为不确定轴面，以作为情景内容的主体构架，进而发展出情景逻辑。

（5）发展情景逻辑。选定 2～3 个情景，进行细节描述，每个情景都包括全部的决策目标。实践证明，管理者所能应对的情景最大数目是 3 个。

（6）分析情景内容。通过角色变换的方式来检验情景的一致性，这些角色包括企业、竞争对手、政府等，需要分析未来环境中各角色可能做出的反应。

在情景分析方法的应用中，最重要的是关键因素的分析，它决定最后各个情景预测的可信性与准确性，所以必须详细分析各因素在整个情景分析中的作用及其程度，而因素的分解及剖析需要进行多次迭代才能获得正确结果。

四、情景分析的应用

情景分析法能够帮助企业分析环境和形成决策，提高组织的战略适应能力，实现资源的优化配置。

1. 应用对象

（1）未来分析：分析历史；从定性分析到定量规划；预测未来发展和变化趋势。

（2）差距分析：预测发展；找到现状与未来的差距；分析填补差距的解决方案。

（3）目标展开：提出需要，即"需要系列"的展开；实现需要而展开的目标设计，即"规划"展开。

2. 应用范围

情景分析法适用于资金密集、产品/技术开发的前导期长、战略调整所需投入大、风险高的产业，如石油、钢铁等产业。

情景分析法还适用于不确定因素太多，无法进行唯一准确预测的情况，例如：制药业、金融业，以及相关的股市等。

3. 应用领域

情景分析法的应用领域主要包括：

（1）企业管理领域，将情景规划作为一种激励手段，用于人力资源管理，意在调动员工的积极性和创造性。

（2）经济评价与预测领域，如交通规划领域、农业发展领域、能源需求领域、气候变化领域等。通过选择一种定量分析工具，对分析指标进行量化评估，借助定量工具得出不同情景下的发展状况，最后对这些结果进行比较、分析，提出相应的措施与建议。

4. 分析内容

情景分析法的分析内容可以概括为 PEST，即政治（Political）、经济（Economical）、社会（Social）、技术（Technological）等方面。

（1）政治：政治环境、法律环境、政府管制、产业政策；

（2）经济：要素市场与供给水平、劳动力市场、价格水平、财政与税收政策、顾客因素、资本市场、利率、汇率与融资、WTO；

（3）技术：技术变革、技术替代；

（4）社会：社会态度、信念与价值观、人口的年龄结构与教育程度、绿色化。

5. 分析结果

情景分析法借助道斯矩阵，对优势（Strength）、劣势（Weakness）、外部机会（Opportunity）、外部威胁（Threat）进行 SWOT 分析和预测。

情景分析方法也进行利益相关性分析，如：相关的利益群体是哪些，这些群体有什么样的利益诉求，这些利益需求的变化趋势是怎样的。

第二节　天然气情景分析方案

天然气供气分析模型依据天然气供需影响因素分析成果，确定情景分析所需的可调节参数，建立起可调参数的情景变化模型，配置情景分析方案，按方案调整预测期内参数值，重新预测、评价和平衡天然气供需趋势。

一、参数情景设置

依据天然气供需趋势的影响因素分析成果，确定天然气需求预测和供气规模分析中的不确定性参数，建立不确定性参数的情景变化模型，以用于预测期内参数值的调整。

1. 不确定性参数选取

针对天然气需求量、新增储量、产量的预测模型，将模型中的部分不确定性参数设置可能情景，使得这些预测模型可以适应不同情景的分析计算。

1）需求量预测

（1）宏观经济参数：经济增长率、单位能耗系数。

（2）规划参数：原油、原煤及新能源在预测期内占需求总量的比例，气替煤比例。

（3）碳排放总量。

（4）能源价格参数：油价、煤价、气价。

2）储量分析

最终探明储量、年累计新增储量、年新增储量等。

3）供气量分析

（1）财务评价参数：商品率、气价、综合税率、单位新增储量投资、单位建产能投资、单位成本、气价补贴、减税比例等。

（2）技术进步因子：勘探技术进步因子、增产技术进步因子、降低其他成本的技术进步因子。

2. 变化模型

在不确定性参数的初始取值方式基础上，建立参数值的变化模型，以用于分析中调整参数值。

1）取参数初始值

包括线性增长、比例增长、阶段规划、用户输入、历史趋势拟合。

2）取值变化模型

针对参数初始值的取值模型公式，确定公式中系数的变化方式（比例变化方式/步长变化方式、参数变化值）。

二、情景方案配置

在天然气需求情景分析和天然气供气潜力情景分析中，选取不确定性参数及其变化模型，组合构成天然气需求情景分析方案、天然气储量情景分析方案、天然气供气潜力情景分析方案，以用于天然气需求量的情景分析计算、天然气储量的情景分析计算和天然气供气潜力的情景分析计算（图7-1至图7-3）。

天然气供需的平衡情景分析将天然气需求情景分析方案与天然气供气潜力情景分析方案进行组合，以用于按对应参数的设定进行供需平衡计算（图7-4）。

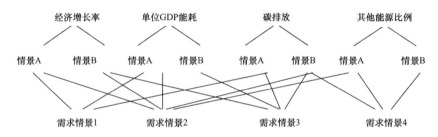

图7-1　需求情景分析方案配置示意图

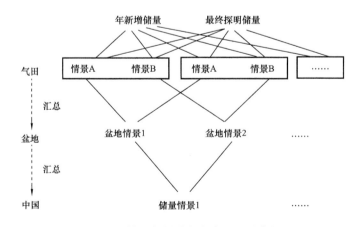

图7-2　储量情景分析方案配置示意图

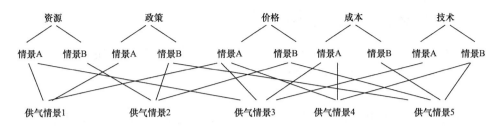

图 7-3　供气潜力情景分析方案配置示意图

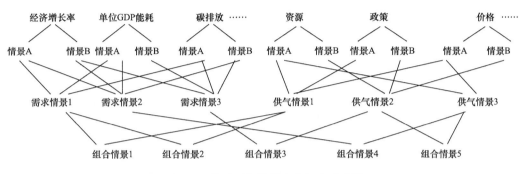

图 7-4　供需平衡情景方案组合示意图

第三节　天然气情景分析方法

一、需求情景分析方法

依据天然气需求量情景分析方案的参数配置及其变化模型，调整预测期内的参数值，重新计算预测期内的天然气需求量（图 7-5）。

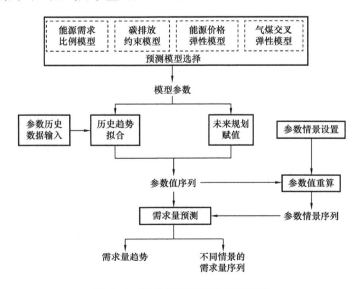

图 7-5　需求趋势预测及情景设置

二、天然气储量情景分析方法

针对新增储量未来趋势的预测模型，设置情景分析所需的不确定性模型参数，建立起情景变化模型；在供气情景分析中配置储量情景的组合方案，形成预测期内天然气新增储量的不同情景。

针对气田或盆地等供气单元，选取趋势预测模型，导入新增储量及累计新增储量的历史数据，拟合确定模型参数，执行未来新增储量预测计算，将预测的新增储量序列添加为供气单元下的新增储量项目序列。

在储量趋势预测的基础上，设置未来趋势情景，修改模型参数，重新预测计算未来新增储量变化趋势（图7-6）。

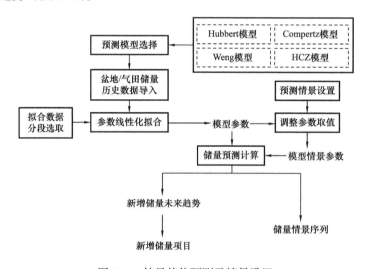

图7-6　储量趋势预测及情景设置

在供气规模情景分析或供需平衡情景分析中，选择不同的新增储量情景方案，将基准情景下的新增储量项目替换为情景方案下的新增储量，再进行供气潜力或供需平衡分析（图7-7）。

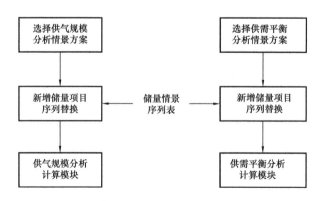

图7-7　储量情景数据的处理

三、供气潜力情景分析方法

依据天然气供气潜力情景分析方案的参数配置及其变化模型，调整预测期内的参数值，重新计算预测期内的天然气供气潜力（图7-8）。

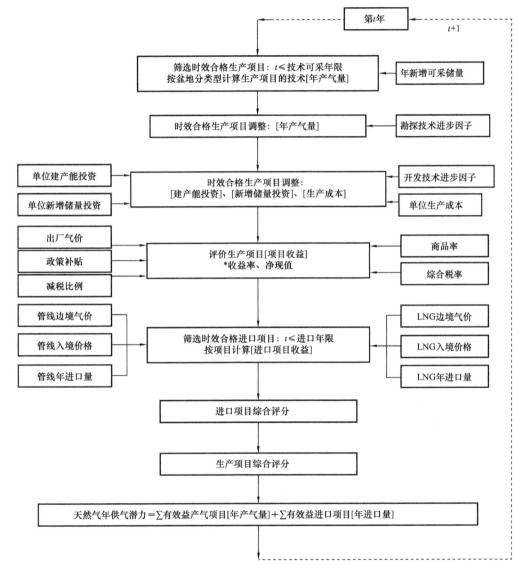

图7-8　供气潜力情景分析

四、供需平衡情景分析方法

依据天然气供需情景分析组合方案，调整预测期内的参数值，重新计算预测期内的天然气需求量、预测并评价供气项目，平衡分析天然气供需趋势（图7-9）。

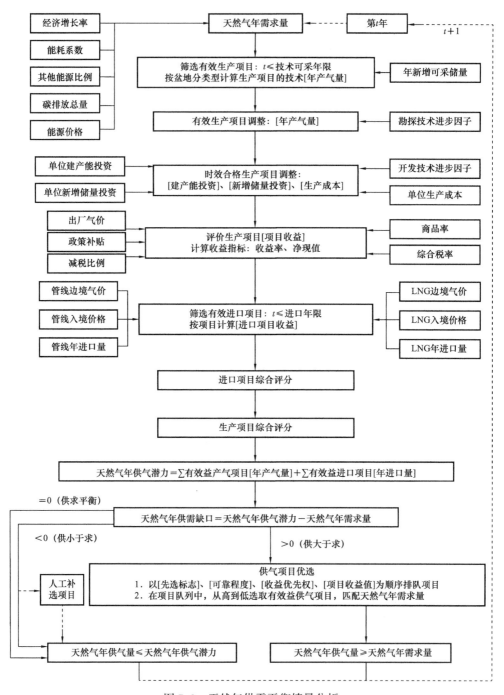

图7-9 天然气供需平衡情景分析

第八章　天然气供需平衡分析方法

2021年，中国天然气表观消费量$3726 \times 10^8 m^3$，国产气产量$2053 \times 10^8 m^3$，仅为需求量的55%，通过大量进口管道气和LNG（包括部分LNG现货）来满足市场需求，2021年进口气量$1690 \times 10^8 m^3$，实现供需平衡。未来天然气消费量和产量都将继续较快增长，预计到2035年，我国天然气消费量$6000 \times 10^8 \sim 6500 \times 10^8 m^3$，国产气产量$3000 \times 10^8 \sim 3500 \times 10^8 m^3$，仍需进口50%左右的天然气来达到供需平衡，届时天然气对外依存度为50%左右。

对包括天然气在内的能源供需进行平衡分析，一直是国内外主要能源供需预测模型中的核心部分，美国的国家能源模型系统（NEMS）是其中的典型代表。中国的天然气供需平衡模型，可以天然气需求量为约束条件，在对天然气供气项目进行效益评价的基础上，以稳定、安全、有效益为原则，优选天然气供气项目，汇总形成满足需求的天然气供给量。

第一节　国家能源安全战略概述

能源安全是国家安全体系的重要组成部分，受全球地缘政治、新型冠状病毒感染疫情蔓延的影响，我国能源安全面临严峻挑战。综合高效利用国内能源资源、控制油气进口规模，是我国高质量、可持续发展的重要保障。

我国现在已经是世界最大的一次能源消费国，但国内化石能源增产空间有限，国内能源生产难以满足消费需求，使得我国部分能源品种对外依存度较高，如石油对外依存度在2019年达到72.5%。在全球地缘政治日趋复杂、新型冠状病毒感染疫情蔓延的背景下，我国能源安全面临严峻挑战。

国家提出了推动形成以国内大循环为主体、国内国际双循环相互促进的新发展格局，能源作为经济发展的动力来源，其领域发展应贯彻落实"四个革命，一个合作"（即消费、供给、技术、体制革命，国际合作）能源安全新战略。我国能源安全内涵包含5方面内容[23]。

一、发展可持续

人类在能源生产和利用中排放的CO_2及污染物，引发了全球变暖的气候问题和空气污染问题。在我国，过去粗放型的经济增长方式带来了较为严重的环境问题和不断增加的社会治理成本，今后能源安全必须高度关注环境与可持续发展。我国一方面要承担义务，力争2030年前CO_2排放达到峰值、2060年前实现碳中和；另一方面要保障居民在能源发展方面享有应有的权利，满足日益增长的美好生活需要。应重点关注碳减排目标下的单位国内生产总值（GDP）碳排放量、能耗和人均碳排放量等。

二、供应有保障

能源供应安全即提高能源的可获取性，建立多样化的能源来源体系、多元化的能源进口渠道、可靠的能源运输方式，在传统能源和新能源之间形成较好的替换与协同发展机制；最大程度保证能源的足量与连续供应，降低能源供应终端的风险，保障经济活动顺利开展[5]。核心影响因素包括资源保障程度、能源进口通道、能源战略应急储备等。

三、科技有支撑

科技进步是推动能源效率提升、改善能源结构、降低能源和环境冲突的根本动力。科技安全指制定和实施国家能源安全战略所需的科学技术支撑能力，涉及能源生产、运输和消费等多个环节；包含不同能源品种的节能、成熟技术推广应用能力，短板技术的攻关研发，高端技术的储备合作能力，相应的标准体系、能源信息的收集与应用能力等。

四、经济可承受

考虑经济和能源的协调发展，我国能源转型升级过程中的能源生产和使用成本势必随能源结构调整而改变，进而对经济发展和居民生活水平产生影响。衡量我国能源经济安全的重要指标包括能源产业结构、能源价格对国民经济的影响，能源进口对国际贸易的影响，人均能源消费占收入的比例等。

五、体制有保障

能源体制机制是能源安全的重要内容和制度保证。在能源革命和能源转型的背景下，能源体制主要涉及能源分级管理与监督激励机制、能源市场与价格机制、能源改革机制、能源相关法律法规与管理规定、全球新型能源治理体系等。

第二节 评价指标的层次分析法

天然气供需平衡是一个十分复杂的综合性概念，其中既包含着持续稳定获得满足所需要的天然气资源基本要求，也包括合理、经济地对资源开发利用，以满足经济发展和社会稳定的需求。此外，天然气作为一种不可再生的化石能源，在研究其供需平衡问题的过程中，不能只考虑当下的能源发展和使用情况，还要考虑到未来。

天然气供需平衡的分析需要考虑多个方面，首先是分析筛选主要影响因素、建立评价指标体系，然后采用层次分析法为评价指标确定权重，构建起评价模型[24]。

一、建立评价指标体系

DSR（Driving force，State，Response）模型即"驱动力—状态—响应"模型，DSR

模型广泛应用于可持续发展的相关研究和评价指标体系的建立。DSR 模型的适用领域非常广泛，不局限于自然资源和环境领域。

其中，驱动力指对引起整个资源安全系统的变化的动力因素，其主要内容是指那些人类对客观世界进行的不符合可持续发展的人类活动；状态指的是在驱动力对自然、经济、社会等造成的各种影响；响应指的是人类社会为了维护可持续发展而采取的调整措施。

DSR 模型的基本思路是：一方面，人类的一些经济和社会活动导致系统状态发生变化，这些活动是"驱动力"，它们向环境以及资源施加的压力或动力，引起了环境的"状态"，即自然资源的数量与质量发生了改变；另一方面，人类社会因为环境系统的变化，做出了自我调整，比如有关部门为调节变化出台的相关法律等，也就是"响应"。

二、层次分析方法应用

层次分析法（Analytic Hierarchy Process，AHP）是一种兼具定性和定量特点的决策方法。应用其解决问题时，都会将复杂的研究目标进行分解和细化，再根据一定的准则对指标进行聚合，建立层次结构模型，将问题简化至结构模型的最低层。应用层次分析法解决复杂问题分为 4 个步骤。

1. 建立指标层次结构模型

首先需要将决策目标问题和决策准则以及决策对象按照一定的隶属关系或聚合准则分为最高层、中间层和最低层 3 个层次。最高层即研究要解决的最终问题；最低层为指标层，指的是影响研究目标的各个指标。

2. 构造判断矩阵

从指标层次结构模型的第二层开始，将每一层中从属于同一个上层指标的各个指标，用数值 1～9 表示指标之间的相对重要程度，从而获得判断矩阵。具体指标标度量化值见表 8-1。

表 8-1　指标比例标度表

元素 i 比元素 j 的重要程度	量化值
同等重要	1
稍微重要	3
较强重要	5
强烈重要	7
极端重要	9
两相邻判断的中间值	2，4，6，8

3.计算判断向量及其一致性检验

对已经建立的判断矩阵利用下述公式进行一致性检验，若检验得以通过，则用归一化特征向量作为权向量，否则需要重复第二步，重新构造判断矩阵。对判断矩阵的最大特征根 λ 的特征向量进行归一化处理，记作 $\boldsymbol{W}$。$\boldsymbol{W}$ 中的各元素则为是各指标对于上一层的权重值。矩阵的一致性主要由参数 CI 来衡量：

$$CI = \frac{\lambda - n}{n - 1}$$

式中　λ——判断矩阵的最大特征根；

　　　n——判断矩阵的阶数。

若 CI=0，则具有完全一致性。矩阵一致性检验时应用的随机一致性指标 RI 的数值则和判断矩阵的阶数有关，见表 8-2。

表 8-2　平均随机一致性指标 RI 标准值

阶数	1	2	3	4	5	6	7	8	9	10
RI	0	0	0.58	0.90	1.12	1.24	1.32	1.41	1.45	1.49

在检验矩阵是否具有满意的一致性时，还需计算检验系数 CR，有：

$$CR = \frac{CI}{RI}$$

当 CR<0.1 时，则认为该矩阵通过一致性检验，否则就不具有满意一致性。

4.计算组合权向量并做一致性检验

计算最低层组合权向量，并检验向量的一致性，则获得各指标最终的权值。

第三节　基于熵权的综合评价方法

综合评价法是在确定研究对象评价指标体系的基础上，根据所选择的评价模型，利用综合指数的计算形式，定量地对某指标进行综合评价的方法。综合评价法包括专家分析法、主层次法、熵权法等，其中熵权法是一种根据各指标的信息量计算一个综合指标的客观的数学方法[25]。

天然气供需平衡的综合评价是一个多因素共同作用且各评价指标取值模糊多变的过程，用熵权法可以建立国内天然气供需平衡综合评价模型，从物质、经济和环境三方面建立评价指标体系，量化了各指标对天然气供需关系的影响，分析关于物质、经济和环境三方面对于天然气供需平衡的影响，找出了影响天然气供需平衡的主要影响因素和次要影响因素，能够对解决我国天然气供需平衡中存在的问题提供理论依据。

一、选择评价指标

将评价天然气供需关系的评价指标分为物质、经济和环境三个方面，运用统计方法，筛选影响国内天然气供需关系的多个影响因子。计算各个因子的方差贡献率和累计贡献率，选取累计贡献率大于 85% 或特征根值大于 1 的因子保留为公因子。然后采用方差最大旋转法对公因子载荷矩阵实施正交旋转，经过计算筛选最终得到所需的评价指标（如天然气探明储量、天然气产量、天然气进口量、人均生活用量、天然气消费量、城市天然气供气总量、天然气管道长度、对外依存度、固定资产投资与行业投资之比、行业投资、国内外天然气价格差异、天然气开采中消耗的天然气量、因使用天然气而减少的二氧化碳排放量等）。

二、建立评价模型

设筛选出的评价指标有 n 个，用这些指标构建一个指标体系，来评价给定期限内反映国内天然气供需关系的 m 个待评价对象。这时，设第 j 个评价对象的第 i 个指标的特征值为 x_{ij}，则由指标构成的待比较评价对象指标体系可用矩阵表示：

$$X = \left(x_{ij} \right)_{n \times m}$$

为消除指标间不同单位的影响，计算各指标权重之前必须要先对每个指标进行标准化处理。在指标体系中，各评价指标分为正向指标和逆向指标。正向指标为"效益型"，即指标越大越好；逆向指标为"成本型"，即指标越小越好。为了消除指标间不同单位的影响，对于不同的指标要分别采取不同的公式进行标准化处理。

当第 j 项为正向指标时，有：

$$x_{ij} = \frac{x_{ij} - \min x_{ij}}{\max x_{ij} - \min x_{ij}}$$

当第 j 项为逆向指标时，有：

$$x_{ij} = \frac{\max x_{ij} - x_{ij}}{\max x_{ij} - \min x_{ij}}$$

式中　$\min x_{ij}$——第 i 项指标中的最小值；

$\max x_{ij}$——第 i 项指标中的最大值。

对各个指标进行标准化之后就可以计算信息熵。第 i 个指标的熵 H_i 定义为：

$$f_{ij} = \frac{x_{ij}}{\sum_{j=1}^{n} x_{ij}}$$

$$k = \frac{1}{\ln n}$$

$$H_i = -k \sum_{j=1}^{n} f_{ij} \ln f_{ij}$$

假定当 $f_{ij}=0$ 时，$f_{ij}\ln f_{ij}= 0$，n 为列向量数。

在指标熵值确定下来以后计算第 i 个指标的熵权（w_i）：

$$w_i = \frac{1-H_i}{m - \sum_{i=1}^{m} H_i}$$

根据计算得出的各个指标的标准化值和熵权值，可以计算出综合评价值 G_i：

$$G_i = \sum_{i=1}^{m} w_i \cdot x_{ij}$$

第四节 供需平衡项目优选方法

天然气供需平衡项目优选方法是以经济效益、项目可靠性、开发阶段和能源战略安全为优化原则，对国家/公司天然气的供需趋势进行分析和平衡（图 8-1）。

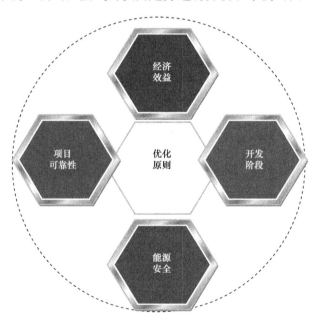

图 8-1 天然气供需平衡项目优选原则

在上述原则下，从供气来源、开发阶段、经济效益等方面对供气项目进行综合性评分，用于在天然气供需平衡分析过程中实现对供气项目的优选，这些优选标准包括：进口项目优先、已开发气田优先、减/停产优先权低者优先、效益好者优先等。

供需平衡项目优选方法是在完成天然气需求量预测后，依据上述优选标准，逐年对天然气的供气项目进行筛选，以平衡当年的天然气需求量。其主要流程为（图 8-2）：

（1）选出时间有效（当年未结束）供气项目，预测项目生命期内的各年度进口量或产气量；完成项目经济评价，选出经济有效（项目收益可接受）的供气项目（经济收益不满足要求的项目启动时间后推，待重算达标后再供选择）。

（2）经济有效供气项目综合评分：已启动进口项目和已开发气田先选；前期（因供大于求而）暂时停产的气田次之；未启动项目再次之（进口项目优先于未气田项目）。

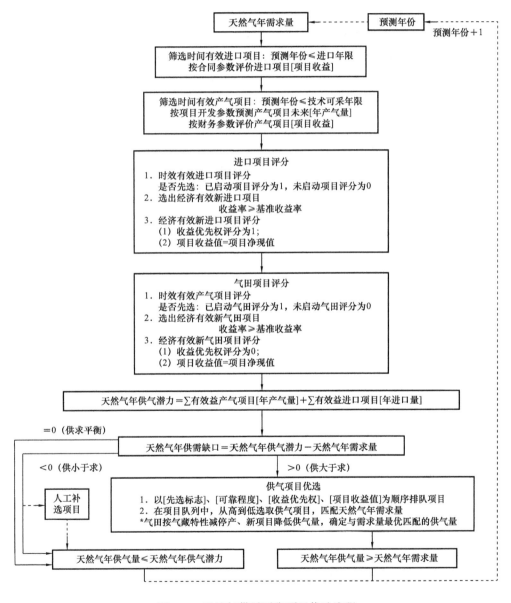

图 8-2 天然气供需平衡项目优选流程

（3）汇总经济有效供气项目的进口量和产气量，形成当年的天然气供气潜力，估算当年供需缺口（供气潜力与需求量之间的差值）。根据供需缺口确定供气项目的优选方法。

① 供需平衡：当年的天然气供气潜力正好等于当年天然气需求量，达到天然气供需平衡状态。

② 供小于求：当年的天然气供气潜力（包括已启动项目、暂停气田项目和当年新增的有效项目）无法满足当年天然气需求量（可通过人工干预，在经济效益不高的项目中进行补选，尽可能满足需求量）。

③ 供大于求：当年的天然气供气潜力超过当年天然气需求量。

a. 已启动项目潜力超过需求量：按综合评分由高到低排队优选项目，确定满足天然气需求的最佳供气量（气田按平衡关系确定减停产量）。

b. 前期暂停产气田补充后潜力超过需求量：按综合评分由高到低排队优选项目，确定满足天然气需求的最佳供气量（气田按平衡关系确定减停产量）。

c. 新增项目潜力超过需求量：按综合评分由高到低排队优选项目，确定与天然气需求量最优匹配的供气量（新增气田按平衡关系确定减停产量）。

第九章 中国天然气供应规模分析软件及应用

通过对天然气供气影响因素的分析和讨论，以及天然气需求预测方法、供气潜力预测及其效益评价方法、天然气供需平衡分析方法的研究，设计并实现了天然气供气规模情景分析软件。软件在完成天然气需求量的宏观预测后，按供气项目组织天然气供给数据、预测供气潜力、评估项目经济效益，以天然气需求量为约束优选供气项目，实现天然气供需的平衡分析，同时还实现了按不同情景评估天然气供应规模的功能。

第一节 软件设计

一、模块结构

中国天然气供气规模分析软件主要由需求预测、供气潜力预测、项目评价、供需平衡分析、情景分析模块及辅助功能模块组成（图9-1）。

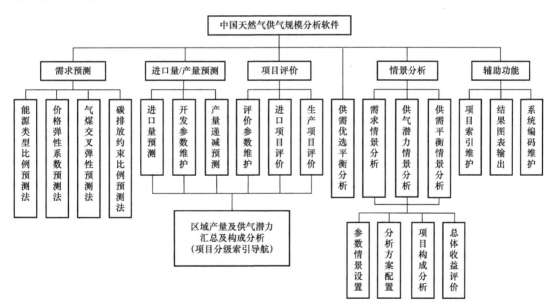

图9-1 中国天然气供气规模分析软件模块结构

二、数据组织

中国天然气供气规模分析软件计算数据构成主要包括：中国天然气需求历史数据、

中国天然气需求预测方法及参数、中国天然气需求预测数据；多层次供气项目索引；进口合同数据、国产气项目开发参数，供气项目经济评价参数；参数情景设置数据、分析方案配置信息（图 9-2）。

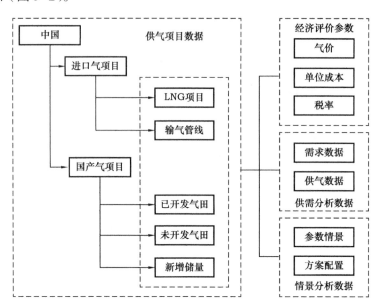

图 9-2　中国天然气供气规模分析软件数据组织结构

第二节　软件实现

一、软件的运行环境及安装

1. 硬件环境要求

硬件环境要求包括：IBM 及其兼容机，512MHz 以上；内存 128MB 以上；显卡支持 1024×768×256 彩色；Windows 兼容打印机；光驱；鼠标。

2. 软件环境要求

软件环境要求 Windows XP 及以上操作系统。

本软件安装程序可放在一张 CD-ROM 中，需执行 CD-ROM 中的 SETUP.EXE 安装程序安装到硬盘后才能使用；也可存放于移动存储设备中，在 Windows 环境中点击 SETUP.EXE 运行安装程序后方可使用。

3. 安装步骤

（1）启动操作系统。

（2）按"开始"→"运行"菜单。在随后的对话框中输入"X：SETUP. EXE"。其中

"X"为光驱的盘符。输入完成后按回车；也可于 Windows 环境中找到安装程序文件，点击 SETUP.EXE 运行安装程序。

（3）按照屏幕提示输入安装路径（建议使用默认路径），按"确定"按钮直到安装完成。程序安装完成后将在 Windows 的"开始"→"程序"菜单创建相应的程序组和程序项。

二、软件启动

中国天然气供气规模分析软件启动界面和主界面如图 9-3 和图 9-4 所示。

图 9-3　中国天然气供气规模分析软件启动界面

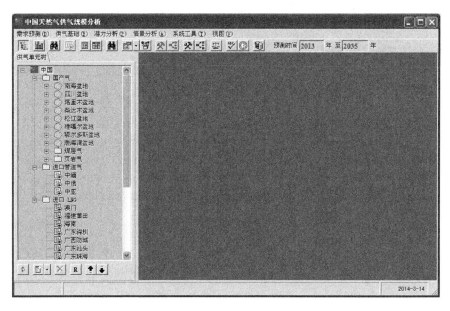

图 9-4　中国天然气供气规模分析软件主界面

软件主窗口可分为 3 个部分：窗口顶部的菜单和工具条提供了完成软件所有功能的菜单项和工具按钮；窗口左部是供气单元浏览树，以中国为根结点，将气田、进口管线、进口 LNG 接受站等分级、分类进行组织；窗口中间部分是子窗口显示区，软件的各个功能模块被启动后，都将显示在这里。

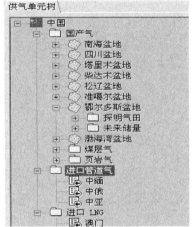

图 9-5　供气项目索引数据维护界面

三、系统基础数据维护

1. 供气项目索引

供气项目索引的维护操作有：新增结点（包括分类、总公司、盆地 / 气区、气田、进口管线、进口 LNG 等类型）、删除结点、结点更名，图 9-5 所示为供气项目索引数据维护界面。

2. 新增储量规划

选择计算方式，设定基础参数，点击计算，完成新增储量预测（图 9-6）。

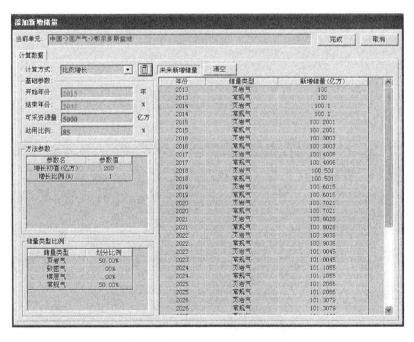

图 9-6　新增储量规划赋值界面

新增储量规划窗口里，"基础参数"框的"开始年份""结束年份"是软件的基本配置参数，在这里不能修改；"可采资源量""动用比例"是预测的基础参数，需要输入合适的数值。

新增储量的计算有线性增长、比例增长、历史拟合、年度规划共 4 种方法。在"计算方式”下拉框里选择计算方法后，需要在“方法参数”框内输入方法所需的参数；此外，还可以在“储量类型比例”框内，编辑页岩气、致密气、煤层气和常规气在未来每年的新增储量中的占比。

完成规划计算的全部参数维护后，点击“计算方式”下拉框右侧的计算按钮，软件将按前面的选择和参数，进行未来新增储量的预测计算，计算结果显示在窗口右部的“未来新增储量”列表中。

四、项目供气量预测

1. 进口项目参数

1）进口管道项目

进口管道项目基础数据维护以项目为基础，输入起始年份、达产期、结束年份、年进口量、项目可靠程度、合同是否签订等参数（图 9–7）。

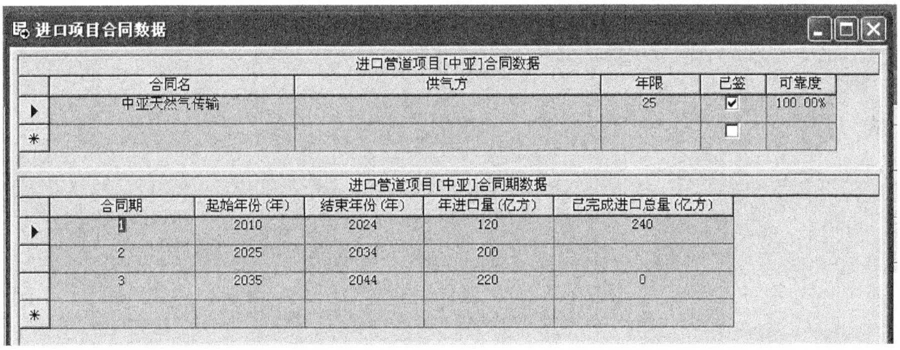
进口项目合同数据

进口管道项目[中亚]合同数据

	合同名	供气方	年限	已签	可靠度
▶	中亚天然气传输		25	☑	100.00%
*				☐	

进口管道项目[中亚]合同期数据

	合同期	起始年份（年）	结束年份（年）	年进口量（亿方）	已完成进口总量（亿方）
▶	1	2010	2024	120	240
	2	2025	2034	200	
	3	2035	2044	220	0
*					

图 9–7　进口管道项目基础数据维护界面

2）进口 LNG 项目

进口 LNG 项目基础数据维护同进口管道项目，以项目为基础，输入起始年份、达产期、结束年份、年进口量、项目可靠程度、合同是否签订等参数（图 9–8）。

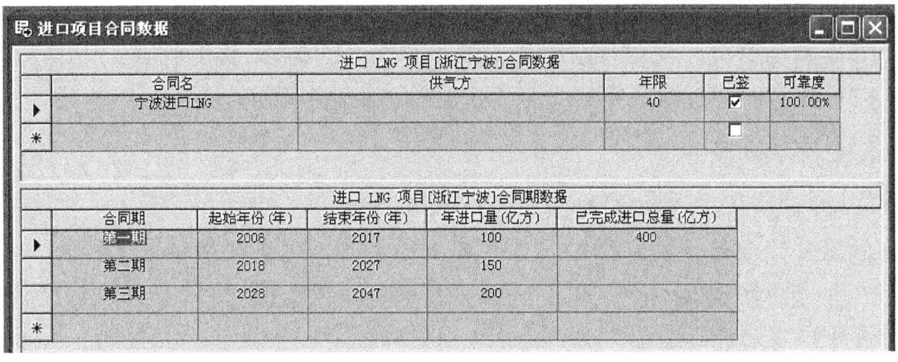
进口项目合同数据

进口 LNG 项目[浙江宁波]合同数据

	合同名	供气方	年限	已签	可靠度
▶	宁波进口LNG		40	☑	100.00%
*				☐	

进口 LNG 项目[浙江宁波]合同期数据

	合同期	起始年份（年）	结束年份（年）	年进口量（亿方）	已完成进口总量（亿方）
▶	第一期	2008	2017	100	400
	第二期	2018	2027	150	
	第三期	2028	2047	200	
*					

图 9–8　进口 LNG 项目基础数据维护界面

2. 气田开发参数

以气田为基础，根据分类需要可建立气田—已开发项目/未开发项目—盆地—公司—全国等不同级别的树形数据体，输入开发基础数据，包括气田类型、投产类型、稳产产能/采气速度、投产时间、建产期、稳产期末采出程度/稳产期、稳产方式、单井产量、井深、递减率等。开发指标的选取方式包括：有开发方案的气田采用稳产年限、稳产期规模等开发指标预测气田产量；无开发方案的气田和未来新增储量通过类比同类型气田采气速度、稳产期末采出程度等参数测算气田产量。

对所有气田/项目开发参数输入完整后，可以对单气田、盆地、公司、国家等不同级别进行供气潜力分析。

可以对供气构成进行统计分析：气藏类型、储量类型、开发类型、供气来源、产气区域。

1）探明气田

探明气田开发参数维护界面如图 9-9 所示。

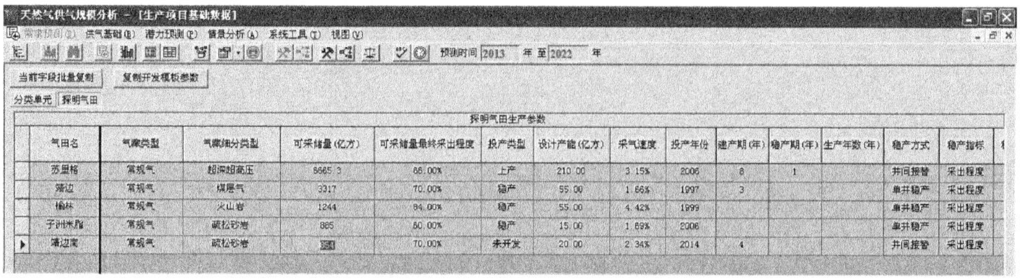

图 9-9　探明气田开发参数维护界面

在探明气田开发参数维护窗口中，以列表方式显示了当前单元结点下的所有气田。软件提供两种方式输入每个气田的开发参数。

第一种方法是人工直接在表格中，输入气田的气藏类型、细分类型，并编辑该气田的可采储量及其采出程度、气田的投产类型（上产、稳产、递减、未开发等）、设计产能、开发方案中的采气速度，以及气田的投产年份、稳产期、稳产方式（单井稳产、井间接替）、判断稳产期结束的指标等参数。

第二种方法是点击"复制开发模板参数"，打开开发参数模板窗口，从中选取可用于当前气田的模板，软件将模板中的所有参数值自动复制到当前气田。

2）未来新增储量

未来新增储量开发参数维护界面如图 9-10 所示。

新增储量开发参数维护功能的实现与探明气田开发参数的维护基本一致，可以采用直接编辑和复制模板两种方式。不同的是，新增储量以探明年份作为标识，并且不需要设置"投产年份"参数。

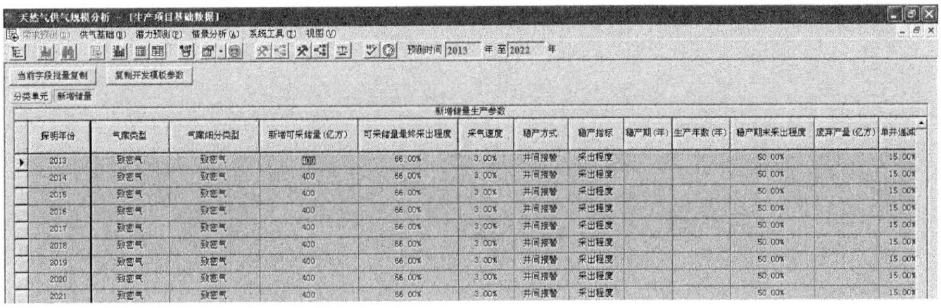

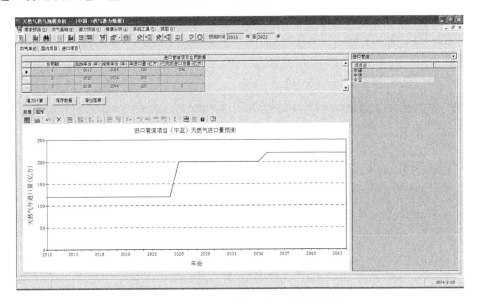

图 9-10　未来新增储量开发参数维护界面

3. 供气量预测

1）进口供气量预测

（1）进口管道项目。

进口管道项目进口量预测界面如图 9-11 所示。

图 9-11　进口管道项目进口量预测界面

点击"潜力计算"按钮，对进口管道的年度天然气进口量进行计算；点击"保存数据"按钮，将计算结果入库；点击"导出图表"按钮，将计算结果表和曲线，分别以 Excel 文件和图片文件形式保存。

（2）进口 LNG 项目。

进口 LNG 项目进口量预测界面如图 9-12 所示。

类似进口管道，点击按钮执行操作：对 LNG 项目的年度天然气进口量进行计算；将计算结果保存入库；将计算结果表和曲线以文件形式保存。

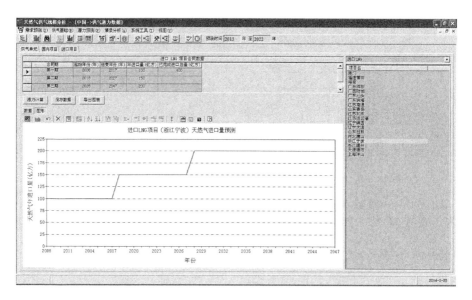

图 9-12 进口 LNG 项目进口量预测界面

2）国内供气量预测

（1）探明气田产量预测。

探明气田产量预测界面如图 9-13 所示。

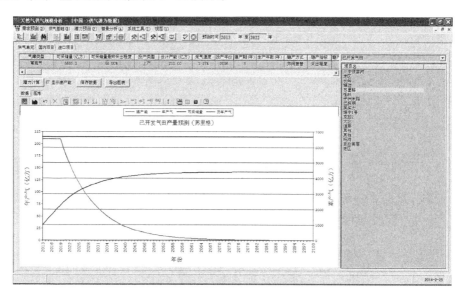

图 9-13 探明气田产量预测界面

点击按钮可执行操作：计算探明气田的年度产气量；计算结果入库；计算结果图表以文件形式保存。点选"显示建产能"将显示每年的建产能明细数据和曲线。

（2）未开发气田 / 未来新增储量建产能即产量预测。

未开发气田 / 未来新增储量建产能预测如图 9-14 所示。

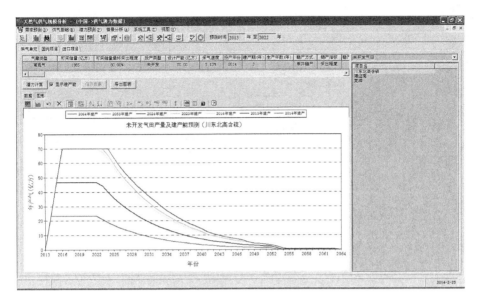

图 9-14　未开发气田／未来新增储量建产能预测界面

　　未开发气田与新增储量都还没有开始开采，所以它们的产能建设及产量的投入方式基本相同。本模块窗口上部显示了当前供气单元的开发参数，点击参数表下方的"潜力计算"按钮，模块将先按可采储量及其最终采出程度、设计产能、采气速度、稳产方式及稳产结束指标、废弃产量等，计算预测期内当前单元的产量；然后，将前面的预测与建产期结合，计算建产期内每年的产能，并逐年计算为保持产量而需滚动建设的产能，每年的产能独立预测其未来的产量趋势，汇总形成当前单元在预测期内每年的产量，并在窗口中显示当前单元在预测期内的产量曲线图。预测结果的展示采用了趋势曲线图和数据表格两种方式，点击"潜力计算"按钮下方的"数据""图形"可以切换结果的展示方式。

　　选中窗口内"潜力计算"按钮右侧的"显示建产能"复选框，将在下面的图形中，显示每年的产能及其未来产量趋势。点击"导出图表"能够将展示计算结果的曲线图和数据表以文件形式保存到指定目录位置。

　　（3）区域产量汇总。

　　如图 9-15 和图 9-16 所示为区域产量汇总数据表和趋势图。

　　点击按钮可执行操作：汇总计算区域在预测期内的年度产气量；计算结果入库；计算结果图表以文件形式保存。点选"显示建产能"将显示每年的建产能明细数据和曲线。

　　完成了国内气田和新增产量的产量预测后，在供气单元浏览树中选中某个如气区、分公司、总公司等上级单元后，可以通过顶级菜单"潜力分析"打开区域产量汇总窗口。在窗口中点击"潜力计算"，软件将该单元下辖所有气田及新增产量在预测期内的产量进行逐年汇总，得到该单元在预测期内的产量数据，并以数据表格或产量曲线图的方式进行展示。

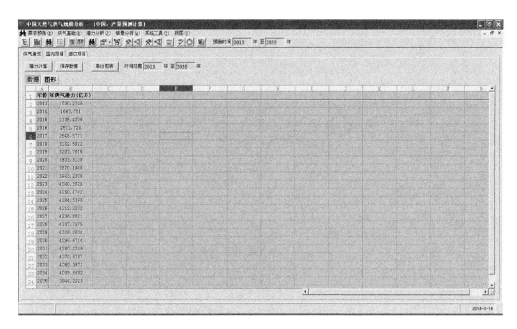

图 9-15 区域产量汇总数据表界面

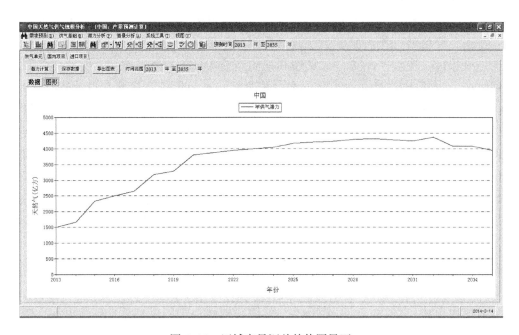

图 9-16 区域产量汇总趋势图界面

点击区域产量汇总窗口中"潜力计算"按钮下方的"图形",将切换到汇总结果的图形展示页面。点击窗口上部的"保存数据"按钮,软件将在后台自动完成当前单元预测产量的入库操作;点击"导出图表"按钮,将结果图形和数据以文件形式保存到指定目录位置。

五、供气项目效益分析

1. 财务评价参数赋值

1）进口管道项目

经济评价参数包括出厂气价（参考就近气区价格）、综合税率、入境气价、边境至首站单位处理费用、所得税等（图 9–17）。

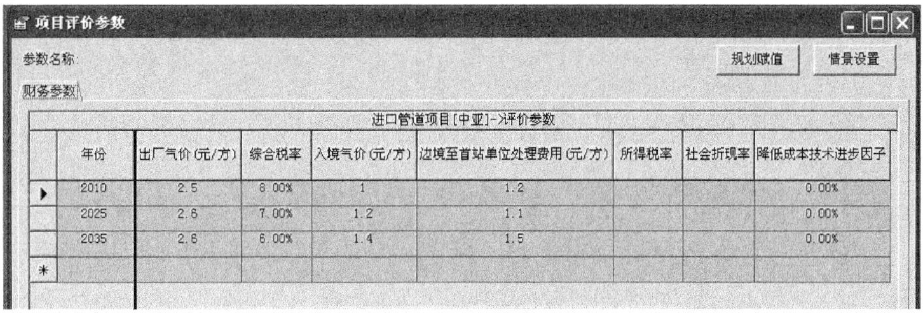

进口管道项目[中亚]->评价参数

年份	出厂气价(元/方)	综合税率	入境气价(元/方)	边境至首站单位处理费用(元/方)	所得税率	社会折现率	降低成本技术进步因子
2010	2.5	8.00%	1	1.2			0.00%
2025	2.6	7.00%	1.2	1.1			0.00%
2035	2.6	6.00%	1.4	1.5			0.00%

图 9–17　进口管道项目经济评价参数赋值界面

2）进口 LNG 项目

进口 LNG 经济参数包括门站价、综合税率、入境价、接收站单位处理费用、所得税等（图 9–18）。

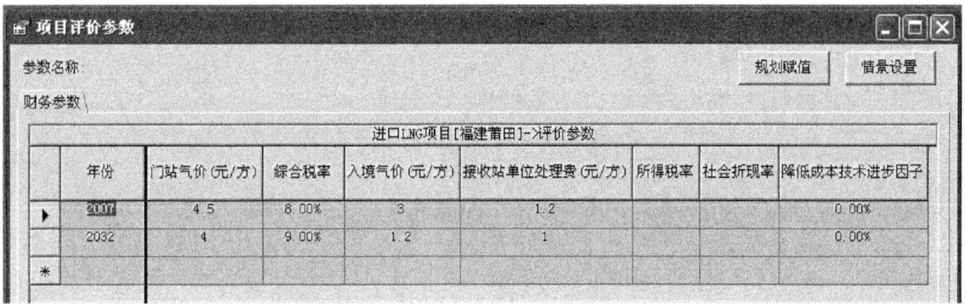

进口LNG项目[福建莆田]->评价参数

年份	门站气价(元/方)	综合税率	入境气价(元/方)	接收站单位处理费(元/方)	所得税率	社会折现率	降低成本技术进步因子
2007	4.5	8.00%	3	1.2			0.00%
2032	4	9.00%	1.2	1			0.00%

图 9–18　进口 LNG 项目经济评价参数赋值界面

3）国产气项目

国产气经济参数包括商品率、税率、气价、资产净值、单位新增储量勘探投资、单位新建产能投资、折旧年限、单位操作成本、单位期间费用、技术、政策参数（气价补贴、税率优惠）等参数赋值，并对各参数设置情景（图 9–19）。

4）区域评价参数

除了对单项目可以赋值以外，还可以对区域所有项目统一赋值，即在上一层结点给予赋值（图 9–20）。如在当前项目节点无赋值，自动读取上一层数据。

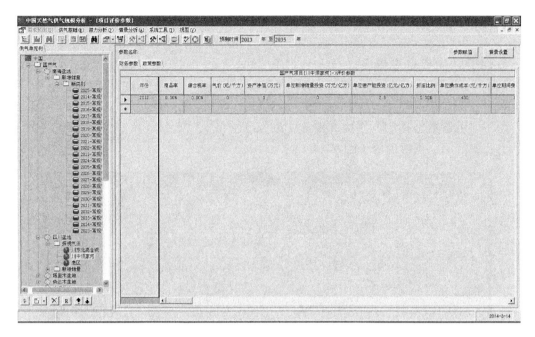

图 9-19　国产气项目经济评价参数赋值界面

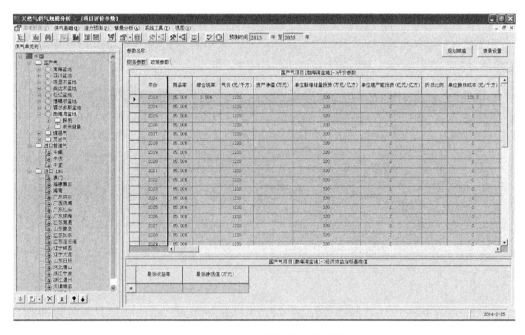

图 9-20　产气区域经济评价参数赋值界面

5）评价参数批量赋值

可以对评价参数批量赋值，方法有线性增长、比例增长、阶段规划、直接输入、线性趋势、指数趋势、乘幂趋势、对数趋势等（图 9-21 和图 9-22）。

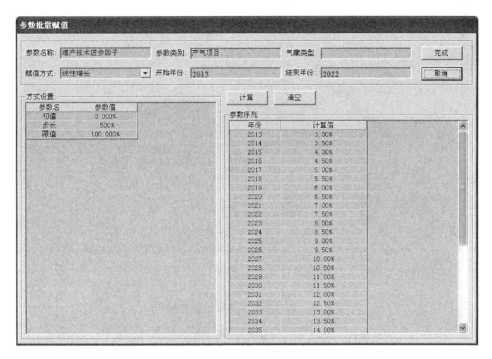

图 9-21　评价参数批量赋值界面

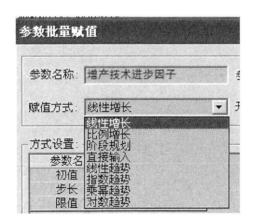

图 9-22　参数赋值方式界面

2. 项目经济效益评价

根据项目开发参数和经济参数赋值可利用软件快速计算项目经济性。

1）进口项目

进口项目经济评价数据表和现金流趋势图如图 9-23 和图 9-24 所示。

进口项目的经济评价数据表是一张现金流量表，其中包含了每年的产量、现金流入、现金流出、操作成本、期间费用、税前净现金流、税前净现值、所得税等。

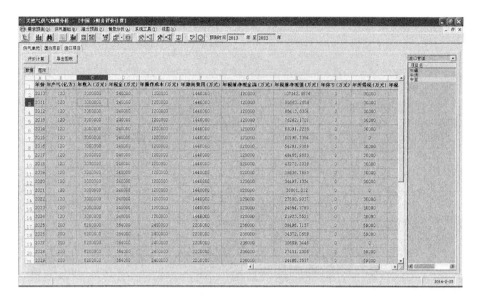

图 9-23　进口项目经济评价数据表界面

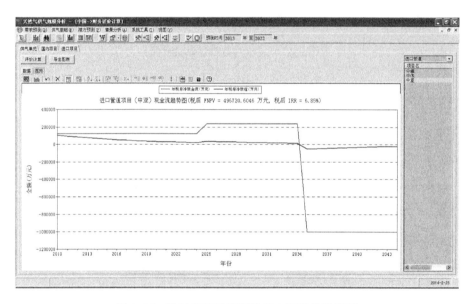

图 9-24　进口项目经济评价现金流趋势图界面

2）国产气项目

国产气项目经济评价数据表和现金流趋势图如图 9-25 和图 9-26 所示。

国产气项目的经济评价结果是项目的现金流量表。

点击区域产量汇总窗口中"潜力计算"按钮下方的"图形"，将切换到汇总结果的图形展示页面。点击窗口上部的"保存数据"按钮，软件将在后台自动完成当前单元预测产量的入库操作；点击"导出图表"按钮，将结果图形和数据以文件形式保存到指定目录位置。

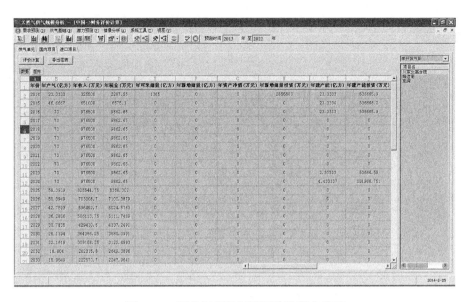

图 9-25　国产气项目经济评价数据表界面

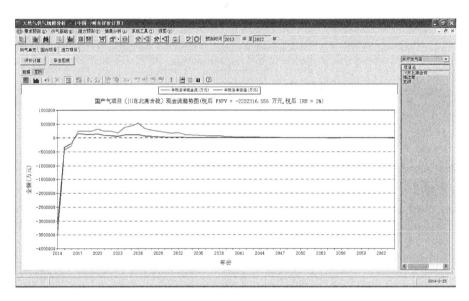

图 9-26　国产气项目经济评价现金流趋势图界面

3. 区域整体效益分析

区域供气潜力经济评价数据表和现金流趋势如图 9-27 和图 9-28 所示。

在主窗口左侧供气单元浏览树中，选中气田或新增储量的上级单元结点，可进入区域供气潜力经济评价窗口。点击窗口上部的"评价计算"按钮，模块将在产量汇总的基础上，针对当前单元下辖的所有气田或新增储量，进行每年的收入、税金、成本、费用等经济数据的汇总，然后采用现金流法，在预测期内对当前单元进行整体的经济效益评价计算，结果以数据表或曲线图的方式展示。

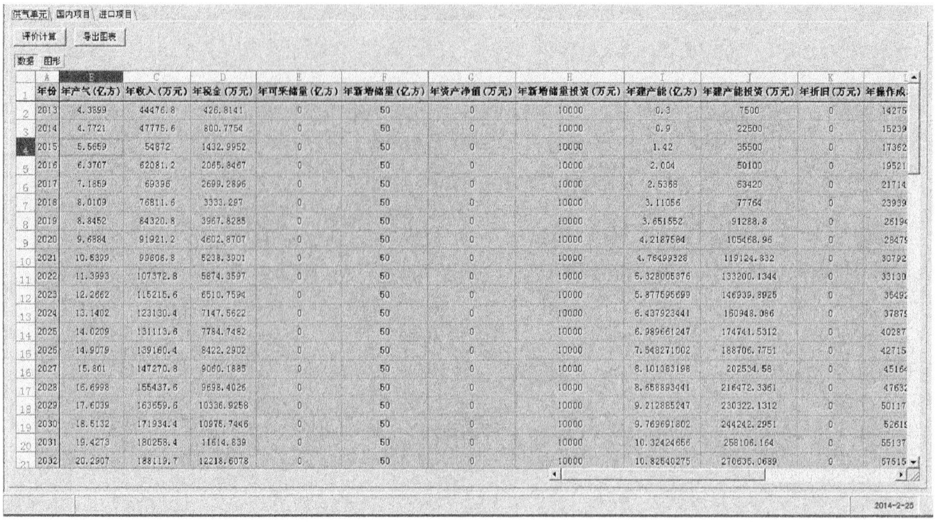

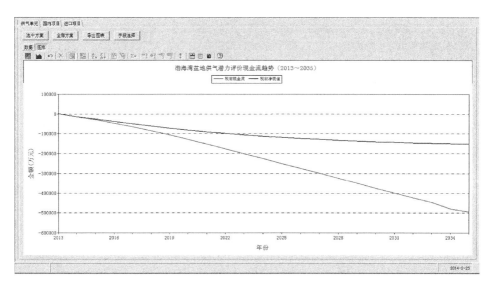

图 9-27　区域供气潜力经济评价数据表界面

图 9-28　区域供气潜力经济评价现金流趋势图界面

　　点击窗口上部的"导出图表"按钮，可以将当前供气单元的经济评价结果，以 Excel 文件和 png 图形文件的形式，保存在指定的目录位置下，供软件用户后期使用。

六、天然气需求潜力预测

　　对需求基础数据（GDP、GDP 增速、能耗系数、各能源占比、碳排放量、替代比例、公司占市场份额等）进行赋值或通过历史规律预测，对经济发展、碳排放量、可替代能源占比等关键参数设置情景，选择不同预测方法对不同情景的需求量进行分析对比。软件还设置了直接导入规划数值功能，如有规划数值直接借用。

1. 历史数据维护

如图 9–29 所示为中国天然气需求历史数据维护界面。

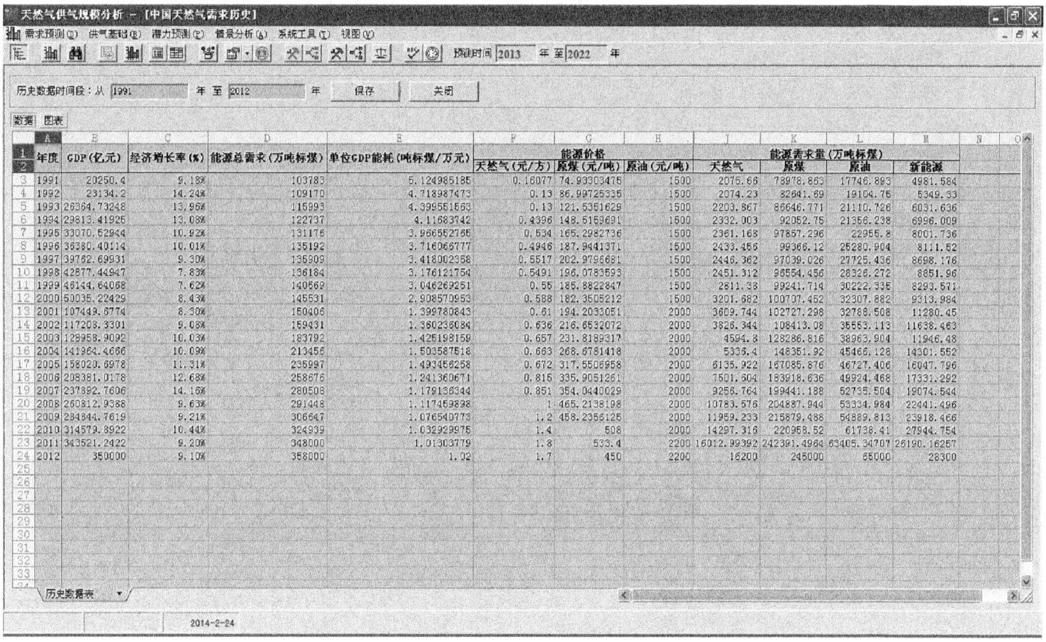

年度	GDP(亿元)	经济增长率(%)	能源总需求(万吨标煤)	单位GDP能耗(吨标煤/万元)	能源价格 天然气(元/方)	原煤(元/吨)	原油(元/吨)	能源需求量(万吨标煤) 天然气	原煤	原油	新能源
1991	20250.4	9.18%	103783	5.124985185	0.16077	74.93303475	1500	2075.66	78978.863	17746.893	4981.584
1992	23134.2	14.24%	109170	4.718987473	0.13	86.99725335	1500	2074.23	82641.69	19104.75	5349.33
1993	26364.73248	13.96%	115993	4.399551563	0.13	121.5351629	1500	2203.867	86646.771	21110.726	6031.636
1994	29813.41925	13.08%	122737	4.11683742	0.4396	148.5159691	1500	2332.003	92052.75	21356.238	6996.009
1995	33070.52944	10.92%	131176	3.966552765	0.534	165.2982736	1500	2361.168	97857.296	22955.8	8001.736
1996	36380.40114	10.01%	135192	3.716066777	0.4946	187.9441371	1500	2433.456	99366.12	25280.904	8111.52
1997	39762.69931	9.30%	135909	3.418002358	0.5517	202.9796681	1500	2446.362	97039.026	27725.436	8698.176
1998	42877.44947	7.83%	136184	3.176121754	0.5491	196.0783593	1500	2451.312	96554.456	28326.272	8851.96
1999	46144.64068	7.62%	140569	3.046269251	0.55	185.8822847	1500	2811.38	99241.714	30222.335	8293.571
2000	50035.22429	8.43%	145531	2.908570953	0.588	182.3505212	1500	3201.682	100707.452	32307.882	9313.984
2001	107449.6774	8.30%	150406	1.399780843	0.61	194.2033051	2000	3609.744	102727.298	32788.508	11280.45
2002	117208.3301	9.08%	159431	1.360236084	0.636	216.6532072	2000	3826.344	108413.08	35553.113	11638.463
2003	128958.9092	10.03%	183792	1.425198159	0.657	231.8189317	2000	4594.8	128286.816	38963.904	11946.48
2004	141964.4666	10.09%	213456	1.503587518	0.663	268.6781418	2000	5336.4	148351.92	45466.128	14301.552
2005	158020.6978	11.31%	235997	1.493456258	0.672	317.5506958	2000	6135.922	167085.876	46727.406	16047.796
2006	208381.0178	12.68%	258676	1.241360671	0.815	335.9051261	2000	7501.604	183918.636	49924.468	17331.292
2007	237892.7606	14.16%	280508	1.179136344	0.851	354.0440029	2000	9256.764	199441.188	52735.504	19074.544
2008	260812.9388	9.63%	291448	1.117459898	1	465.2138198	2000	10783.576	204887.944	53334.984	22441.496
2009	284844.7619	9.21%	306647	1.076540773	1.2	458.2356125	2000	11959.233	215879.488	54889.813	23918.466
2010	314579.8922	10.44%	324939	1.032929975	1.4	508	2000	14297.316	220958.52	61738.41	27944.754
2011	343521.2422	9.20%	348000	1.01303779	1.8	533.4	2200	16012.99392	242391.4964	63405.34707	26190.16257
2012	350000	9.10%	358000	1.02	1.7	450	2200	16200	245000	65000	28300

图 9–29　中国天然气需求历史数据维护界面

在需求历史数据维护窗口中，以年度值为标识，用户应连续输入表格中所要求的数据，其中包括历年的 GDP、经济增长率、能源总需求量和单位 GPD 能耗，以及原油、原煤和天然气的历年价格和消费量。所有历史数据的格式和单位需要按表格列标题指定的方式准备。点击窗口上方的“保存”按钮，软件会将输入的历史数据保存入库。

2. 预测参数赋值

预测参数赋值模块主要实现对需求参数进行预测和未来情景的设定。赋值方式包括用户直接输入、线性增长、比例增长、阶段规划、线性趋势拟合、指数趋势拟合、乘幂趋势拟合、对数趋势拟合等多种模型（图 9–30）。

在预测参数赋值对话框中，上方显示了参数的名字；参数名的下面是“取值模型”下拉框，从可以选取不同的赋值模型；下拉框右侧显示预测期的开始与结束年份；窗口左下方是赋值模型所需的“模型参数”表格；右下方是展示预测结果的“取值数据”表格。

在“取值模型”下拉框中选择了不同的模型，将在“模型参数”表格中逐行显示不同的模型参数名；用户在表格中输入模型参数值后，点击“数据计算”按钮，模块根据选择的模型和输入的参数值，完成预测期内每年参数值的计算，并将结果填入“取值数据”表格。

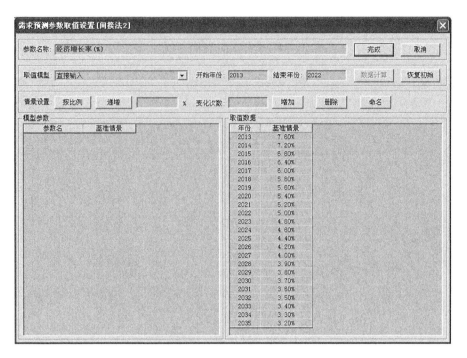

图 9-30　中国天然气需求预测参数赋值示例——经济增长率界面

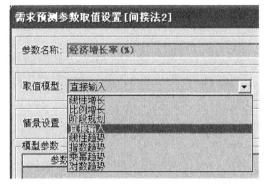

图 9-31　天然气需求预测参数赋值方式界面

天然气需求预测参数的赋值方式包括：用户直接输入赋值、线性增长赋值、比例增长赋值、阶段规划赋值、线性趋势拟合赋值、指数趋势拟合赋值、乘幂趋势拟合赋值和对数趋势拟合赋值等方法。

（1）用户直接输入赋值（Excel 数据复制），如图 9-32 所示。

只允许在预测期的年份范围内输入参数值，可通过复制 / 粘贴来快速完成参数的输入。

（2）线性增长赋值，如图 9-33 所示。

参数采用线性增长赋值是指从指定基础值开始、以给定的限值为上限或下限，点击"数据计算"按钮，从"开始年份"到"结束年份"之间按指定步长递增或递减计算逐年参数值。

（3）比例增长赋值，如图 9-34 所示。

参数采用比例增长赋值是指从指定基础值开始、以给定的限值为上限或下限，点击"数据计算"按钮，从"开始年份"到"结束年份"之间按指定比例放大或缩小计算逐年参数值。

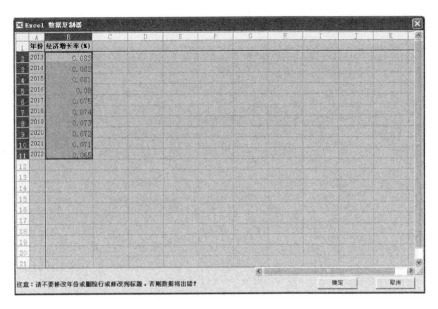

图 9-32　用户直接输入赋值界面

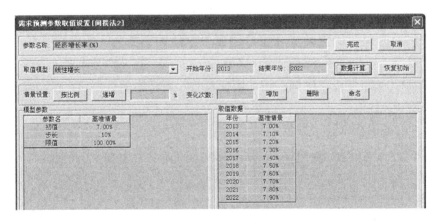

图 9-33　线性增长赋值界面

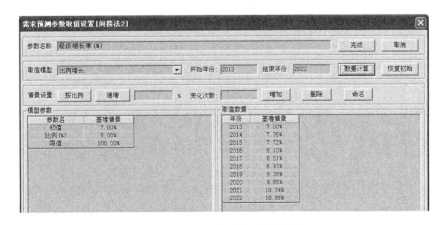

图 9-34　比例增长赋值界面

（4）阶段规划赋值，如图 9-35 所示。

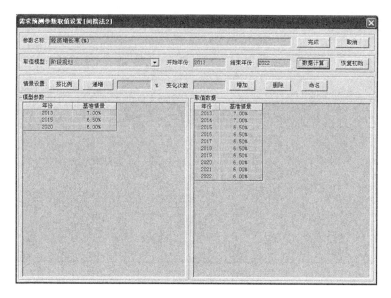

图 9-35　阶段规划赋值界面

参数采用阶段规划赋值是指在窗口"模型参数"表格中，手动输入每个规划阶段的开始年份以及该年份的参数规划值；完成输入后，点击"数据计算"按钮，软件将从"开始年份"到"结束年份"之间，按"模型参数"表格中的规划值，给出整个预测期内每年的需求预测参数值。

（5）线性趋势拟合赋值，如图 9-36 所示。

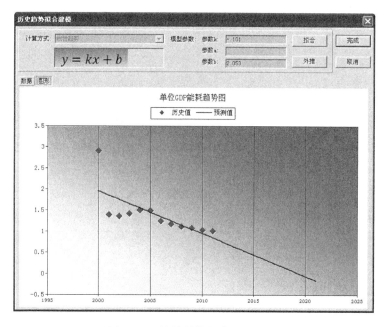

图 9-36　线性趋势拟合赋值界面

已有历史数据的参数可以采用线性趋势拟合赋值方式。打开历史趋势拟合窗口后，将看到参数历史数据的散点图。点击"拟合"按钮，模块将采用最小二乘法对历史数据进行线性拟合；完成拟合后点击"外推"按钮，计算预测期内每年的参数值。

点击参数展示框左上的"数据"，会切换到 Excel 格式的数据表页面，在页面内，可以通过鼠标选取历史数据的范围，再点击"拟合"按钮，模块将只对选取范围内的历史数据进行拟合，这种功能可以提高模块拟合的精度。

（6）指数趋势拟合赋值，如图 9-37 所示。

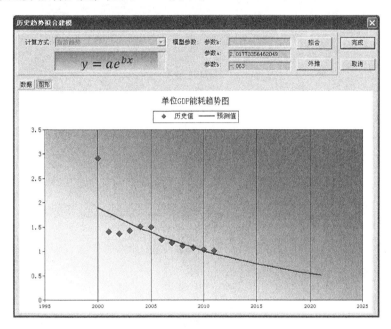

图 9-37　指数趋势拟合赋值界面

已有历史数据的参数可采用指数趋势拟合赋值方式。在拟合窗口中，用散点图展示了参数的历史趋势。点击"拟合"按钮，模块用最小二乘法对历史数据进行线性拟合以确定指数函数的参数；再点击"外推"按钮，按拟合的指数函数模型计算预测期内每年的参数值。

（7）乘幂趋势拟合赋值，如图 9-38 所示。

已有历史数据的参数可采用乘幂趋势拟合赋值方式。在拟合窗口中，用散点图展示了参数的历史趋势。点击"拟合"按钮，模块用最小二乘法对历史数据进行线性拟合以确定乘幂函数的参数；再点击"外推"按钮，按拟合的乘幂函数模型计算预测期内每年的参数值。

（8）对数趋势拟合赋值，如图 9-39 所示。

已有历史数据的参数可采用对数趋势拟合赋值方式。在拟合窗口中，用散点图展示了参数的历史趋势。点击"拟合"按钮，模块用最小二乘法对历史数据进行线性拟合以确定对数函数的参数；再点击"外推"按钮，按拟合的对数函数模型计算预测期内每年的参数值。

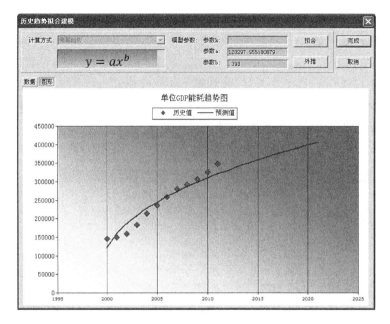

图 9-38　乘幂趋势拟合赋值界面

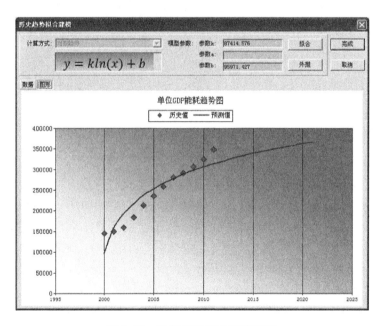

图 9-39　对数趋势拟合赋值界面

3. 需求量预测

根据选取的计算方法，并对参数进行赋值后，可快速计算天然气需求量。

1）基于能源类型的比例预测法

如图 9-40 所示为基于能源类型的比例预测法参数维护界面。

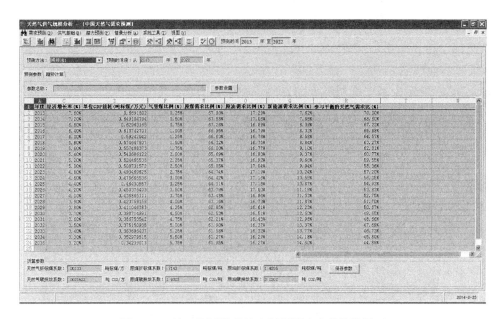

图 9-40　基于能源类型的比例预测法参数维护界面

本模块实现的预测方法原理参见第四章第三节。在窗口中的"预测参数"页面，输入预测期内每年的相关参数，参数值的格式和计量单位按表格的列标题进行准备。输入焦点停留在表格某列时，表格上方的"参数名称"右侧的文本框中，将显示当前列的参数名字，点击"配置"按钮，就可以启动预测参数赋值窗口，以多种方式输入参数值。具体过程参见本节的"预测参数赋值"部分。

如图 9-41 所示为基于能源类型的比例预测法结果数据界面。

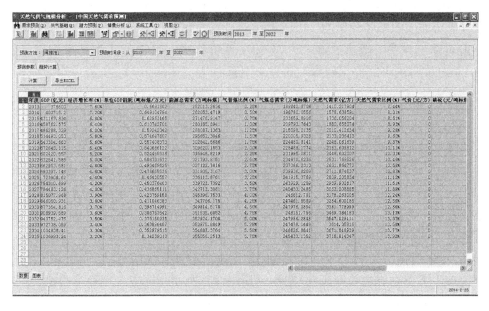

图 9-41　基于能源类型的比例预测法结果数据界面

在窗口上方点击"趋势计算",切换到预测计算页面,点击"计算"按钮,软件执行按不同能源类型比例进行天然气需求量预测的计算,将结果数据填入页面的表格中,并绘制需求趋势曲线图。

如图9-42所示为基于能源类型的比例预测法趋势曲线界面。

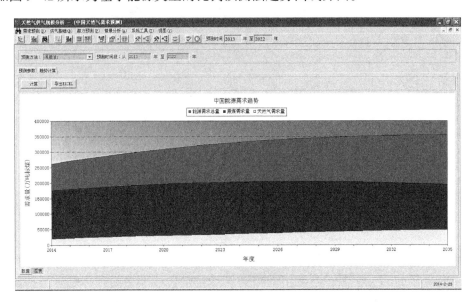

图9-42 基于能源类型的比例预测法趋势曲线界面

点击窗口下方的"图表"按钮,切换到能源需求趋势图页面,其中展示了在预测期内,中国的能源总需求量、原油需求量、原煤需求量和天然气需求量。

鼠标右键点击图形,可打开曲线属性设置对话框,用户可采用与Excel完全相同的方式,设置趋势曲线图的各种属性,以满足用户自身的需求。

点击页面上方的"导出EXCEL"按钮,软件将当前页面的预测结果数据表和曲线图,以Excel文件的形式保存到指定的目录位置。

2)基于碳排放约束的比例预测法

如图9-43所示为基于碳排放约束的比例预测法参数维护界面。

本模块实现的预测方法原理参见第四章第五节。在窗口中的"预测参数"页面,输入预测期内每年的相关参数,参数值的格式和计量单位按表格的列标题进行准备。输入焦点停留在表格某列时,表格上方的"参数名称"右侧的文本框中,将显示当前列的参数名字,点击"配置"按钮,就可以启动预测参数赋值窗口,以多种方式输入参数值。具体过程参见本节"预测参数赋值"部分。

如图9-44所示为基于碳排放约束的比例预测法结果数据界面。

在窗口上方点击"趋势计算",切换到预测计算页面,点击"计算"按钮,软件执行按不同能源类型比例进行天然气需求量预测的计算,将结果数据填入页面的表格中,并绘制需求趋势曲线图。

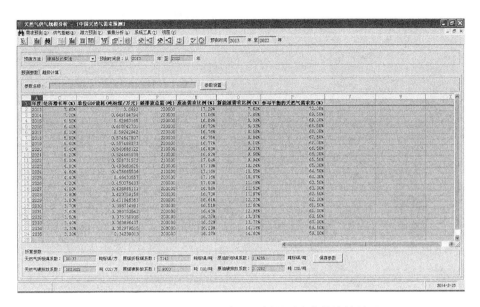

图 9-43　基于碳排放约束的比例预测法参数维护界面

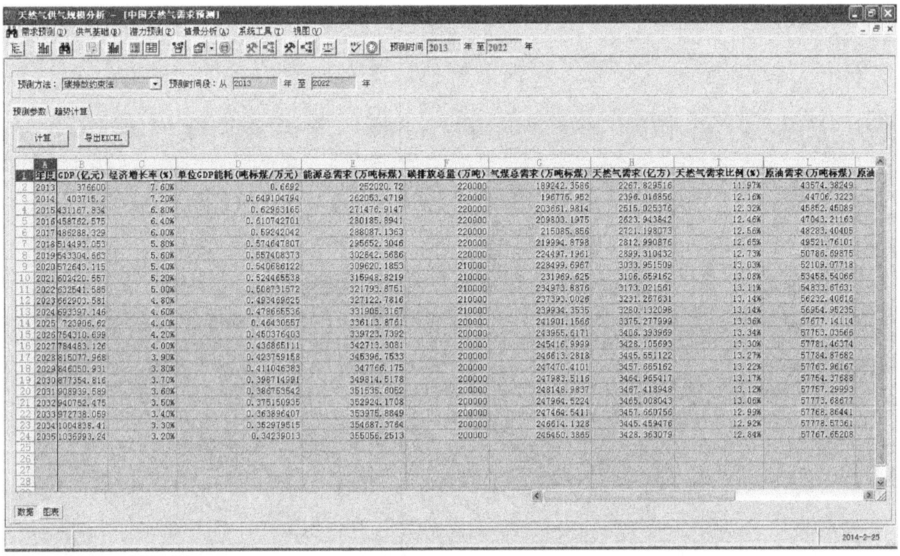

图 9-44　基于碳排放约束的比例预测法结果数据界面

如图 9-45 所示为基于碳排放约束的比例预测法趋势曲线界面。

点击窗口下方的"图表"，切换到能源需求趋势图页面，其中展示了在预测期内，中国的能源总需求量、原油需求量、原煤需求量和天然气需求量。

鼠标右键点击图形，可打开曲线属性设置对话框，用户可采用与 Excel 完全相同的方式，设置趋势曲线图的各种属性，以满足用户自身的需求。

点击页面上方的"导出 EXCEL"按钮，软件将当前页面的预测结果数据表和曲线图，以 Excel 文件的形式保存到指定的目录位置。

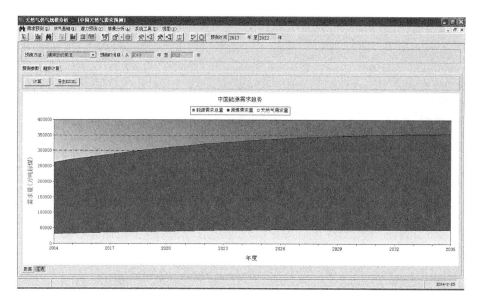

图 9-45　基于碳排放约束的比例预测法趋势曲线界面

3）结合气煤交叉弹性的预测法

如图 9-46 所示为结合气煤交叉弹性的预测法参数维护界面。

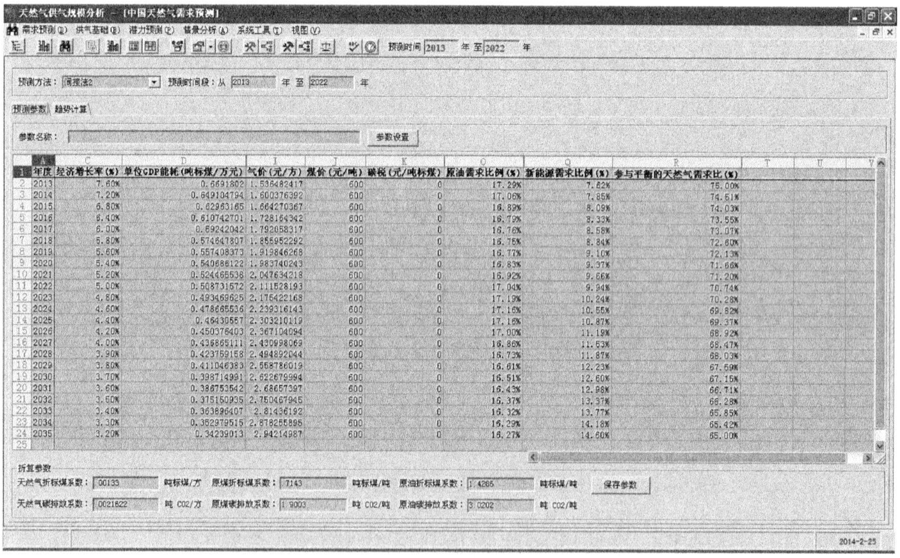

图 9-46　结合气煤交叉弹性的预测法参数维护界面

本模块实现的预测方法原理参见第四章第四节。在窗口中的"预测参数"页面，输入预测期内每年的相关参数，参数值的格式和计量单位按表格的列标题进行准备。输入焦点停留在表格某列时，表格上方的"参数名称"右侧的文本框中，将显示当前列的参数名字，点击"配置"按钮，就可以启动预测参数赋值窗口，以多种方式输入参数值。

具体过程参见本节“预测参数赋值”部分。

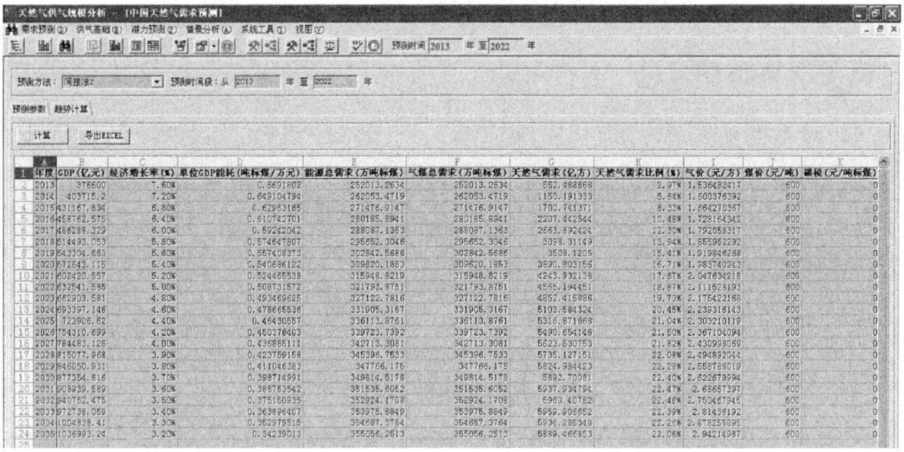

如图 9–47 所示为基于气煤交叉弹性的预测法结果数据界面。

年度	GDP（亿元）	经济增长率（%）	单位GDP能耗（吨标煤/万元）	能源总需求（万吨标煤）	气煤总需求（万吨标煤）	天然气需求（亿方）	天然气需求比例（%）	气价（元/方）	煤价（元/吨）	碳税（元/吨标煤）
2013	376600	7.60%	0.6691802	252013.2634	252013.2634	562.488668	2.97%	1.536482417	600	0
2014	403715.2	7.20%	0.649104794	262053.4719	262053.4719	1150.191333	5.84%	1.600376392	600	0
2015	431167.834	6.80%	0.62963165	271476.9147	271476.9147	1700.741371	8.33%	1.664270367	600	0
2016	458762.575	6.40%	0.610742701	280185.8941	280185.8941	2207.442544	10.48%	1.728164342	600	0
2017	486288.329	6.00%	0.59242042	288087.1363	288087.1363	2663.892424	12.30%	1.792058317	600	0
2018	514493.053	5.80%	0.574647807	295652.3046	295652.3046	3098.31149	13.94%	1.855952292	600	0
2019	543304.663	5.60%	0.557408373	302842.5686	302842.5686	3508.1205	15.41%	1.919846268	600	0
2020	572643.115	5.40%	0.540686122	309620.1853	309620.1853	3890.803156	16.71%	1.983740243	600	0
2021	602420.557	5.20%	0.524465538	315948.8219	315948.8219	4243.932138	17.87%	2.047634218	600	0
2022	632541.585	5.00%	0.508731572	321793.8751	321793.8751	4565.194451	18.87%	2.111528193	600	0
2023	662903.581	4.80%	0.493469625	327122.7816	327122.7816	4852.415886	19.73%	2.175422168	600	0
2024	693397.146	4.60%	0.478665536	331905.3167	331905.3167	5103.584324	20.45%	2.239316143	600	0
2025	723906.62	4.40%	0.46430557	336113.8761	336113.8761	5316.871668	21.04%	2.303210119	600	0
2026	754310.699	4.20%	0.450376403	339723.7392	339723.7392	5490.654146	21.50%	2.367104094	600	0
2027	784483.126	4.00%	0.436865111	342713.3081	342713.3081	5623.530753	21.82%	2.430998069	600	0
2028	815077.968	3.90%	0.423759158	345396.7533	345396.7533	5735.127151	22.08%	2.494892044	600	0
2029	846050.931	3.80%	0.411046383	347766.175	347766.175	5824.984423	22.28%	2.558786019	600	0
2030	877354.816	3.70%	0.398714991	349814.5178	349814.5178	5892.70081	22.40%	2.622679994	600	0
2031	908939.589	3.60%	0.386753542	351535.6052	351535.6052	5937.934794	22.47%	2.68657397	600	0
2032	940752.475	3.50%	0.375150935	352924.1708	352924.1708	5960.40782	22.46%	2.750467945	600	0
2033	972738.059	3.40%	0.363896407	353975.8849	353975.8849	5959.906652	22.39%	2.81436192	600	0
2034	1004838.41	3.30%	0.352979516	354687.3764	354687.3764	5936.285348	22.26%	2.878255895	600	0
2035	1036993.24	3.20%	0.34239013	355056.2513	355056.2513	5889.466853	22.06%	2.94214987	600	0

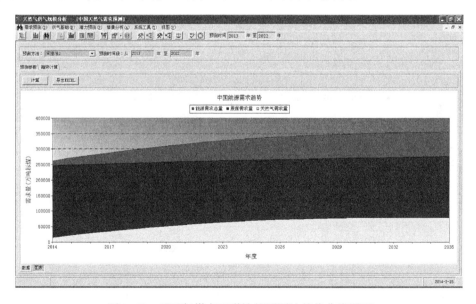

图 9–47　基于气煤交叉弹性的预测法结果数据界面

在窗口上方点击“趋势计算”，切换到预测计算页面，点击“计算”按钮，软件执行按不同能源类型比例进行天然气需求量预测的计算，将结果数据填入页面的表格中，并绘制需求趋势曲线图。

如图 9–48 所示为基于气煤交叉弹性的预测法趋势曲线界面。

图 9–48　基于气煤交叉弹性的预测法趋势曲线界面

点击窗口下方的“图表”，切换到能源需求趋势图页面，其中展示了在预测期内，中国的能源总需求量、原油需求量、原煤需求量和天然气需求量。

鼠标右键点击图形，可打开曲线属性设置对话框，用户可采用与 Excel 完全相同的方式，设置趋势曲线图的各种属性，以满足用户自身的需求。

点击页面上方的"导出 EXCEL"按钮，软件将当前页面的预测结果数据表和曲线图，以 Excel 文件的形式保存到指定的目录位置。

七、供需平衡分析

首先，选择不同的需求情景和供气情景，系统自动进行不同供需情景的平衡测算，供不应求时，供应量即为符合投资约束条件的供应潜力，当供大于求时，系统自动进行供气项目优化，并可进行项目构成分析，实际供应量为需求量。利用软件可实现多种情景组合供需平衡结果对比分析。

1. 分析计算界面

如图 9-49 所示为中国天然气供需平衡分析计算主界面。

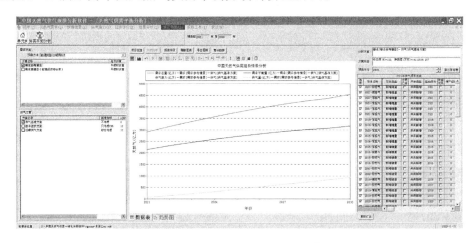

图 9-49　中国天然气供需平衡分析计算主界面

图 9-50　供需平衡分析方案组合界面

供需平衡分析窗口左边的两个列表，分别显示了多个需求预测方案和供气预测方案；中间展示了平衡分析的结果数据图表；右边的列表显示了预测期内，每年被优选的项目信息；窗口顶部是完成不同功能的命令按钮。

2. 供需方案组合

如图 9-50 所示为供需平衡分析方案组合界面。在窗口左部列表中，用户可以自由选取需求预测方案或供气预测方案，选中的需求方案与选中的供气方案一起组合成一个供需平衡分析方案。

3. 供需平衡分析

点击窗口顶部"自动筛选"按钮，软件根据选中的供需平衡分析方案，完成方案所涉及的需求量预测、供气量预测及其效益评价，并基于供需平衡的目标进行供气项目的优选，分析结果以图表形式展示出来。

如图 9-51 所示为供需平衡分析结果数据表界面。供需平衡分析的结果数据表显示的是预测期内每年的需求总量、供气潜力、供需差及预测的供气量。点击"显示字段"，可以选择在数据表中显示的字段个数和内容。

图 9-51　供需平衡分析结果数据表界面

如图 9-52 所示为供需平衡分析趋势图界面。供需平衡分析趋势图以折线图的方式，显示了预测期内每年的需求总量、供气潜力、供需差及预测的供气量的变化趋势。点击"刷新图表"将快速重新填充数据表和绘制趋势图；点击"导出图表"将以 Excel 文件、图片文件的形式将分析结果保存到指定目录位置。

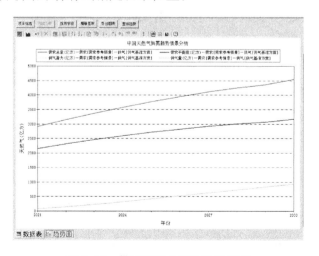

图 9-52　供需平衡分析趋势图界面

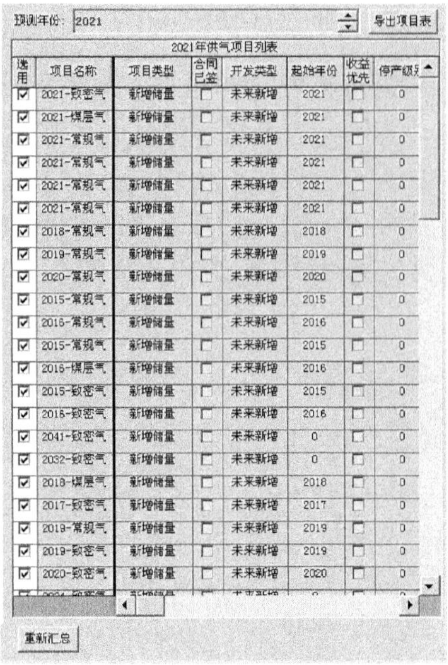

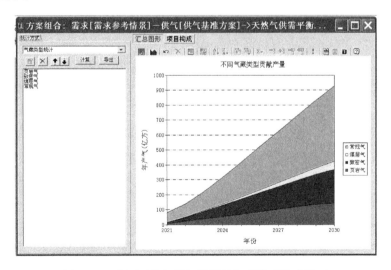

图9-53 供需平衡分析年度优选项目表界面

结果展示以图表形式展示。

供需平衡分析结果包括了每年为满足需求量而优选出的供气项目数据，这些数据显示在窗口右部的数据表中，每个被选项目的信息包括项目名称、项目类型以及用于筛选的各种属性，如图9-53所示。点击列表右上方的"导出项目表"按钮，可以将当前显示的年度优选项目数据表以文件形式保存到指定目录位置。

点击数据表左侧的"选用"复选框，可以手动选取或取消项目进入到当前年份供气项目集合，完成选择操作后，点击"重新汇总"按钮，软件将会把当前年的供气量进行重新计算和展示。

4.供需平衡构成分析

在供需平衡分析窗口中，点击"分类统计"按钮，打开供气项目构成分析窗口，在其中可对分析所选出的供气项目，按气藏类型、开发类型、供气来源、项目收益、产气区域等进行分类统计，

1）气藏类型构成分析

如图9-54所示为中国天然气供气规模的气藏类型构成界面。在窗口左上的"统计方式"列表中选取"气藏类型统计"，点击"计算"按钮，软件按不同气藏类型（包括页岩气、致密气、煤层气和常规气），对预测期内每年的项目产量进行分类汇总，统计结果以堆积图方式显示。

图9-54 中国天然气供气规模的气藏类型构成界面

点击左侧列表上方的"导出"按钮，可以将窗口的展示图以文件形式保存在指定的目录位置；点击图形上方的"项目构成"，将切换到不同分类的项目构成情况数据表。

2）开发类型构成分析

如图9-55所示为中国天然气供气规模的开发类型构成界面。在窗口左上的"统计方式"列表中选取"开发类型统计"，点击"计算"按钮，软件按供气项目的投产类型（上产、稳产、递减、未开发、新增储量），对预测期内每年的项目产量进行分类汇总，统计结果以堆积图方式显示。

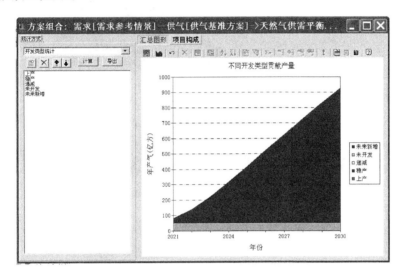

图9-55　中国天然气供气规模的开发类型构成界面

点击左侧列表上方的"导出"按钮，可以将窗口的展示图以文件形式保存在指定的目录位置；点击图形上方的"项目构成"，将切换到不同分类的项目构成情况数据表。

3）供气来源构成分析

如图9-56所示为中国天然气供气规模的供气来源构成界面。在窗口左上的"统计方式"列表中选取"供气来源统计"，点击"计算"按钮，软件按供气项目的供气来源（国产气、进口气），对预测期内每年的项目产量进行分类汇总，统计结果以堆积图方式显示。

点击左侧列表上方的"导出"按钮，可以将窗口的展示图以文件形式保存在指定的目录位置；点击图形上方的"项目构成"，将切换到不同分类的项目构成情况数据表。

4）项目收益构成分析

如图9-57所示为中国天然气供气规模的项目收益分段构成界面。在窗口左上的"统计方式"列表中选取"产气效益分段"，点击列表下方按钮，可添加多个项目内部收益率值，点击"计算"按钮，软件按收益率分段对预测期内每年的项目产量进行分类汇总，统计结果以堆积图方式显示。

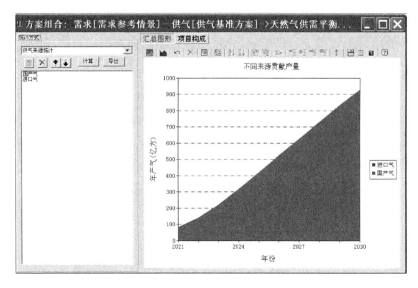

图 9-56　中国天然气供气规模的供气来源构成界面

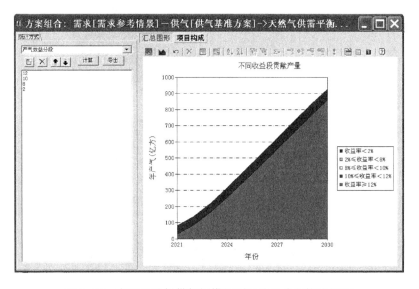

图 9-57　中国天然气供气规模的项目收益分段构成界面

　　点击左侧列表上方的"导出"按钮，可以将窗口的展示图以文件形式保存在指定的目录位置；点击图形上方的"项目构成"，将切换到不同分类的项目构成情况数据表。

　　5）产气区域构成分析

　　如图 9-58 所示为中国天然气供气规模的国产气区域构成界面。在窗口左上的"统计方式"列表中选取"产气区域统计"，点击列表下方按钮，可添加需要汇总的产气区域名称，点击"计算"按钮，软件按不同产气区域对预测期内每年的项目产量进行分类汇总，统计结果以堆积图方式显示。

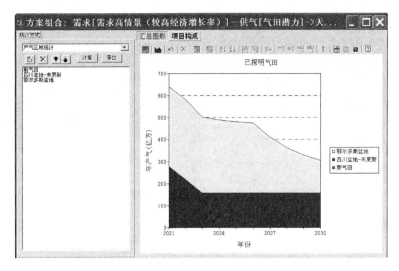

图 9-58　中国天然气供气规模的国产气区域构成界面

点击左侧列表上方的"导出"按钮，可以将窗口的展示图以文件形式保存在指定的目录位置；点击图形上方的"项目构成"，将切换到不同分类的项目构成情况数据表。

5. 天然气需求情景分析

软件实现的天然气需求预测的多情景分析主要由三个步骤组成，分别是单个参数的情景设置、不同参数情景组合得到情景分析方案、依据情景方案完成需求量的预测计算。

1）预测参数情景设置

如图 9-59 所示为天然气需求量预测参数情景设置界面。选中软件主菜单项"天然气需求"，点击"需求情景设置"按钮，进入需求情景设置窗口，在窗口里点击"参数情景"打开需求预测参数的情景配置窗口。用户可根据分析需要，对某个参数设置多个情景，每个情景对应了一个参数值序列，用在后续情景方案的组合中。

在选择了"取值模型"、输入了基准情景下的"模型参数"、完成了"数据计算"后，在窗口的"情景设置"部分，选择"按比例"或"递增"的参数值变化方式、在"变化次数"中输入情景个数，点击"增加"按钮，将参数值变化方式添加多个情景。

2）情景分析方案配置

情景分析方案的配置是指从已设置了情景的参数中，按分析的需要选出若干参数及其某个情景，一起组成一个情景方案，在后续的情景分析中使用。

（1）选择分析因素。如图 9-60 所示为选择需求情景分析因素界面。

配置情景方案的第一步是选择构成方案的参数。在参数选择窗口中，选中左边列表中某个参数，点击"选取"按钮，将该参数添加到右侧的方案参数列表中；点击"删除"按钮，也可以从方案参数表中删除某个参数。点击"完成"按钮，将方案所含需要获取情景的参数保存下来，用于后续的参数情景选择。

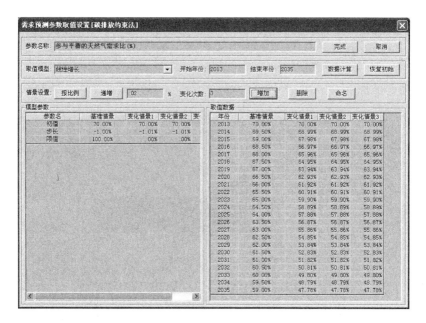

图 9-59　天然气需求量预测参数情景设置界面

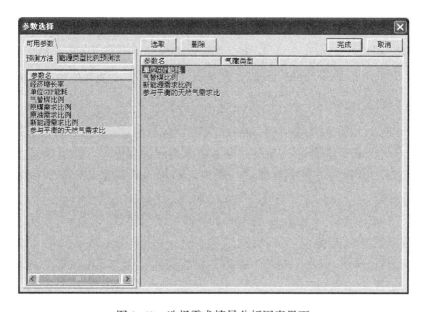

图 9-60　选择需求情景分析因素界面

（2）因素情景映射。如图 9-61 所示为需求情景分析因素情景映射界面。

返回到需求情景分析配置窗口后，方案所包含的情景参数已显示在窗口中间的"方案参数"列表中。点选其中的某个参数，窗口右侧表格中将显示该参数已设置成功的若干情景，点击表格上方的"选择"按钮，将选中的情景添加到按钮上方的情景列表中。

设置了方案中所有参数对应的符合需要的情景后，就完成了一个需求情景方案的配置。重复上述步骤，可以配置多个情景方案。

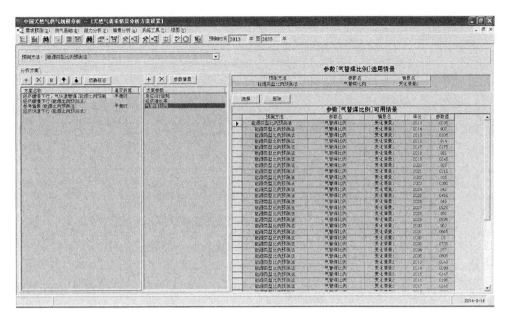

图 9-61　需求情景分析因素情景映射界面

3）需求预测情景分析

完成需求预测多情景方案的配置后，点击软件主菜单中的"需求情景分析"，将进入多情景需求分析窗口。

在多情景需求分析窗口中，点击"计算选中方案"或"计算全部方案"按钮，软件将对选取的方案逐个进行需求量预测计算，结果以趋势图及数据表的形式展示（图9-62）。

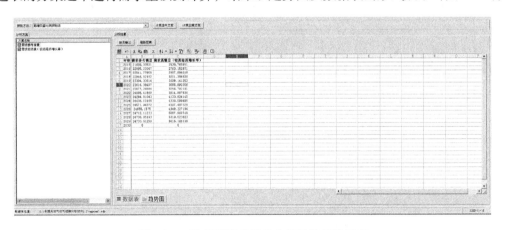

图 9-62　需求预测多情景分析及结果数据表

多情景需求分析完成后，将得到选中的所有需求方案的计算结果，在趋势图中展示位多条需求量的未来变化曲线（图9-63）。点击图表上方的"刷新图表"按钮，将使用分析结果数据重新绘制图形和填充数据表；点击"结果导出"按钮，将趋势图和数据表以独立文件的形式保存到指定的目录位置。

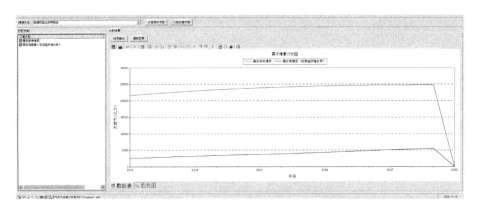

图 9-63　需求预测多情景分析趋势图

6. 天然气供气潜力情景分析

软件实现的天然气供气潜力多情景分析主要由三个步骤组成，分别是单个参数的情景设置、不同参数情景组合得到情景分析方案、依据情景方案完成供气量的预测计算。

1）预测参数情景设置

选中软件主菜单项"经济评价"，在"评价参数"按钮菜单中选中某类供气项目，进入供气单元评价参数维护窗口，在窗口里选择某个参数所在列，点击"情景设置"打开供气评价参数的情景配置窗口。

如图 9-64 所示为供气潜力预测参数情景设置界面。

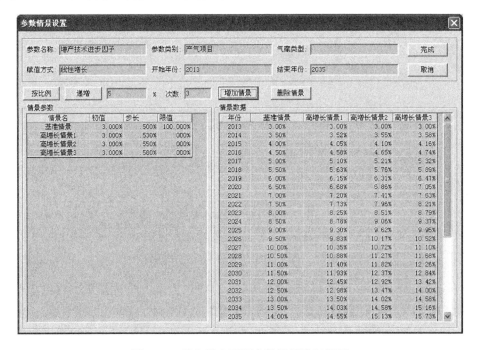

图 9-64　供气潜力预测参数情景设置界面

用户可根据分析需要，对某个参数设置多个情景，每个情景对应了一个参数值序列，用在后续情景方案的组合中。

2）情景分析方案配置

用户根据分析需要，完成若干评价参数的情景设置后，从软件主菜单项"情景分析"中选择"供气情景组合"，打开供气潜力多情景分析方案配置窗口。在窗口左侧列表上方，点击命令按钮，可添加或删除情景方案、更新方案名字，以及设置某方案中评价指标的界限值。点击窗口中间的加号按钮，将打开参数选择窗口，进行方案中需要设置情景的参数选取。

（1）选择分析因素。如图 9-65 所示为选择供气潜力情景分析因素界面。

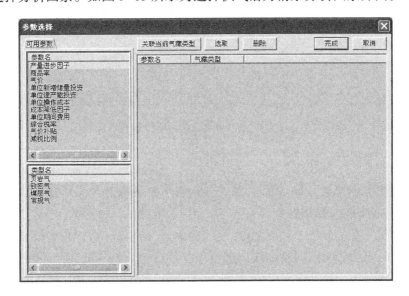

图 9-65　选择供气潜力情景分析因素界面

配置情景方案的第一步是选择构成方案的参数。在参数选择窗口中，选中左边列表中某个参数，点击"选取"按钮，将该参数添加到右侧的方案参数列表中；点击"删除"按钮，也可以从方案参数表中删除某个参数。点击"完成"按钮，将方案所含需要获取情景的参数保存下来，用于后续的参数情景选择。

在选取了某个评价参数后，可以点击"关联当前气藏类型"，将该参数与某种气藏类型绑定在一起，在后续的供气预测计算中使用。

（2）因素情景映射。如图 9-66 所示为供气潜力情景分析因素情景映射界面。

返回到供气情景组合窗口后，方案所包含的情景参数已显示在窗口中间的"方案参数"列表中。点选其中的某个参数，窗口右侧表格中将显示该参数已设置成功的若干情景，点击表格上方的"选择"按钮，将选中的情景添加到按钮上方的情景列表中。

设置了方案中所有参数对应的符合需要的情景后，就完成了一个供气情景方案的配置。重复上述步骤，可以配置多个情景方案。

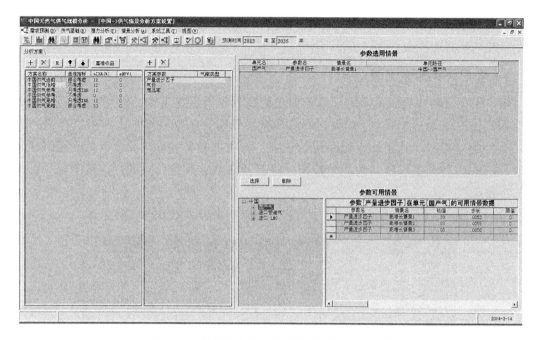

图 9-66　供气潜力情景分析因素情景映射界面

3）供气潜力情景分析

完成供气分析多情景方案的配置后，选择软件主菜单中"情景分析"——"供气情景分析"，将进入多情景供气分析窗口。

（1）项目潜力情景分析。如图 9-67 所示为国产气项目潜力预测多情景分析趋势图界面。点击窗口中间的"国内项目"或"进口项目"，切换到单项目供气潜力多情景分析页面，在窗口右侧列表中选中某个供气项目，然后点击"计算选中方案"或"计算全部方案"按钮，对选中的供气项目进行多个情景方案的分析计算，结果显示为多情景下该项目在预测期内的供气趋势图及数据表。

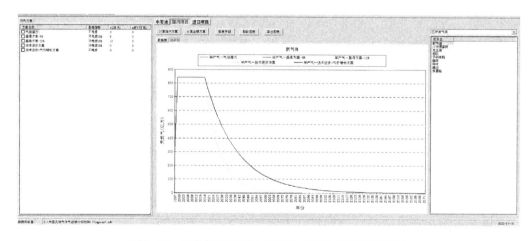

图 9-67　国产气项目潜力预测多情景分析趋势图界面

点击"报表字段"可以添加或减少要显示的数据项个数，点击"刷新图表"可以根据分析结果数据重新绘图和填表，点击"导出图表"可以将结果图形及数据以文件形式保存到指定的目录位置。

（2）区域潜力情景分析。如图9-68所示为区域供气潜力评价多情景分析趋势图界面。点击窗口中间的"供气单元"，切换到区域供气潜力多情景分析页面，点击"计算选中方案"或"计算全部方案"按钮，对该单元进行多个情景方案的分析计算，结果显示为多情景下该单元在预测期内的供气趋势图及数据表。

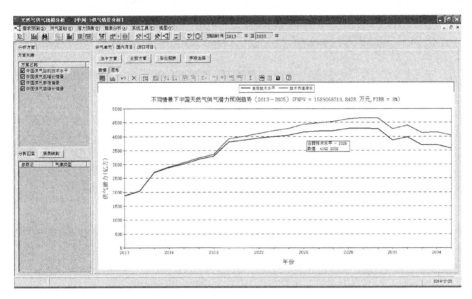

图9-68　区域供气潜力评价多情景分析趋势图界面

点击"报表字段"可以添加或减少要显示的数据项个数，点击"刷新图表"可以根据分析结果数据重新绘图和填表，点击"导出图表"可以将结果图形及数据以文件形式保存到指定的目录位置。

7. 天然气供需平衡情景分析

软件实现的天然气供需平衡多情景分析是在完成了需求预测情景方案和供气潜力分析情景方案的设置后，再将需求方案与供气方案配对，形成供需平衡的分析方案。

1）情景分析方案组合

如图9-69所示为供需情景分析方案组合界面。窗口左侧的两个列表显示了已配置完成的供

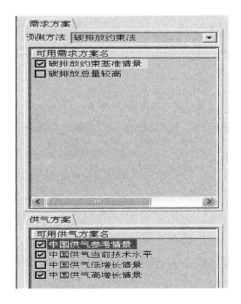

图9-69　供需情景分析方案组合界面

气情景方案和需求情景方案，用户在两个列表里各自选择方案，以全组合的方式得到供需平衡分析的多组综合方案。

2）供需平衡情景分析

软件根据组合形成的多组供需平衡分析方案，完成每组方案对应的需求量预测、供气量预测及其效益评价，并基于供需平衡的目标进行供气项目的优选，分析结果以图表形式展示出来。

供需平衡多情景分析的结果数据表显示了每组方案的预测期数据，包括每组方案的年度需求总量、年度供气潜力、年度供需差及年度预测供气量。点击"字段选择"，可以选择在数据表中显示的字段个数和内容（图9-70）。

图9-70 中国天然气供需平衡多情景分析数据表界面

供需平衡分析趋势图以折线图的方式，显示了每组综合方案在预测期内，每年的需求总量、供气潜力、供需差及预测的供气量的变化趋势，如图9-71所示。点击"刷新图表"将快速重新填充数据表和绘制趋势图；点击"导出图表"将以Excel文件、图片文件的形式将分析结果保存到指定目录位置。

如图9-72所示为中国天然气供需平衡情景分析项目选择表界面。供需平衡多情景分析结果包括了每组方案每年为满足需求量而选出的供气项目数据，这些数据显示在窗口右部的数据表中，每个被选项目的信息包括项目名称、项目类型以及用于筛选的各种属性。点击列表右上方的"导出项目表"按钮，可以将当前显示的年度优选项目数据表以文件形式保存到指定目录位置。

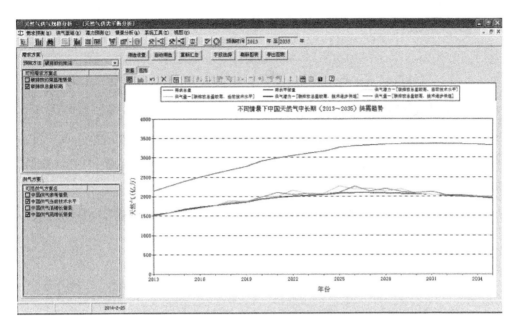

图 9-71 中国天然气供需平衡多情景分析趋势图界面

2016年供气项目列表									
选用	项目名称	项目类型	合同已签	开发类型	起始年份	收益优先	停产级别	减产比例	收益率	净现值(万元)
☑	川东北高含硫	探明气田	☐	未开发	2014	☐	0		00.00	8630001.3698
☑	川中须家河	探明气田	☐	已开发	2009	☐	0		00.00	6173722.0031
☑	2016-常规气	新增储量	☐	未来新增	2016	☐	0	3.88%	-52530.2221
☑	苏里格	探明气田	☐	已开发	2006	☐	0	-5.89%	-8532400.6839
☑	2018-页岩气	新增储量	☐	未来新增	2016	☐	0	00.00	-813893.9706
☑	2018-煤层气	新增储量	☐	未来新增	2018	☐	第8优先	0.00%	
☑	龙王庙	探明气田	☐	已开发	2014	☐	第2优先	00.00	18479270.5597
☑	老区	探明气田	☐	已开发	1990	☐	第2优先	00.00	7099138.64
☑	子洲米脂	探明气田	☐	已开发	2006	☐	第2优先	4.63%	-341158.289
☑	神木	探明气田	☐	已开发	2013	☐	第2优先	4.61%	-239876.8498
☑	靖边	探明气田	☐	已开发	1997	☐	第2优先	1.99%	3151811.0926
☑	榆林	探明气田	☐	已开发	1999	☐	第2优先	-4.54%	-2169679.4183

重新汇总

图 9-72 中国天然气供需平衡情景分析项目选择表界面

点击数据表左侧的"选用"复选框，可以手动选取或取消项目进入到当前年份供气项目集合，完成选择操作后，点击"重新汇总"按钮，软件将会把当前年份的供气量进行重新计算和展示。

八、经济效益评价

软件实现了对于基于单井投资的项目经济评价和适用于"一井一藏"的供气项目的经济效益评价；软件也实现了针对全国／公司／盆地投资的整体经济评价。

1. 基于单井投资的供气项目经济效益分析

对于"一井一藏"的供气项目，首先在供气单元浏览树中选中项目结点，再在软件主菜单"经济评价"下，选择"评价参数"—"国内气田"，打开该项目的经济评价参数设置窗口。

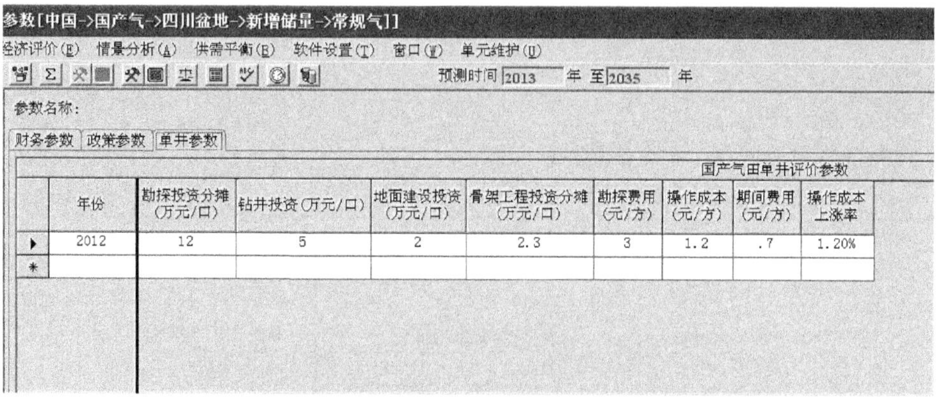

图 9-73　单井评价参数设置界面

点击窗口上方的"单井参数"，切换到单井项目的参数维护页面，在其中可输入和编辑单井项目的勘探投资、钻井投资、地面建设投资、骨架工程投资分摊、勘探费用、操作成本、期间费用和操作成本上升率等满足单井项目的评价参数值。

完成单井参数维护后，选择软件主菜单"经济评价"—"经济评价"，打开"供气项目经济评价"窗口，执行基于单井投资参数的项目评价（具体过程类似本节第五部分中的"2. 项目经济效益评价"）。

2. 投资整体经济效益分析

在供气单元浏览树中选中根结点"中国／公司／盆地"，然后选中软件主菜单"经济评价"，打开供气单元经济评价窗口，在窗口内点击"评价计算"按钮，完成该结点范围内的整体经济效益评价计算（具体过程类似本节第五部分中的"3. 区域整体效益分析"）（图 9-74）。

完成评价分析后，点击"构成分析"按钮，可以对供气项目进行分类统计（具体过程类似本节第七部分中的"4. 供需平衡构成分析"）；点击"报表字段"按钮，可以增加或减少结果显示的数据项；点击"刷新图表"按钮，将根据分析结果数据重新绘图和填表；点击"导出图表"按钮，软件将结果以图形文件、Excel 文件形式保存到指定目录位置。

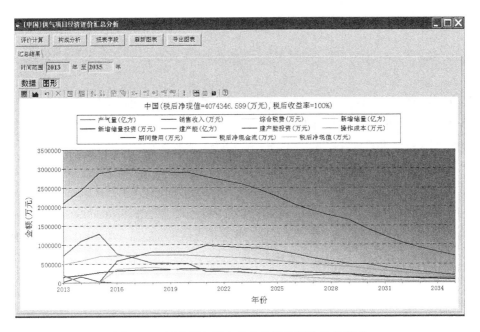

图 9-74　国内供气潜力的整体效益评价软件实现

参 考 文 献

［1］陆家亮，赵素平.中国能源消费结构调整与天然气产业发展前景［J］.天然气工业，2013，33（11）：9-15.

［2］EIA. The National Energy Modeling System：An Overview 2018. https：//www.eia.gov/outlooks/aeo/nems/overview/pdf/0581（2018）.pdf.2021-5-30.

［3］张阿玲，李继峰. 构建中国的能源—经济—环境系统评价模型［J］.清华大学学报（自然科学版），2007，47（9）：1537-1540.

［4］董聪.基于不确定性优化方法的能源环境系统规划模型研究［D］.北京：华北电力大学，2014.

［5］WEM：World Energy Model Documentation（October2021）.https：//iea.blob.core.windows.net/assets/932ea201-0972-4231-8d81-356300e9fc43/WEM_Documentation_WEO2021.pdf.2021-12-3.

［6］张树伟.能源经济环境模型研究现状与趋势评述［J］. 能源技术经济，2010，22（2）：43-49.

［7］翁文波.预测论基础［M］.北京：石油工业出版社，1984.

［8］陈元千.广义翁氏预测模型的推导与应用［J］.天然气工业，1996，16（2）：22-26.

［9］陈元千，胡建国，张栋杰.Logistic 模型的推导及自回归方法［J］.新疆石油地质，1996，17（2）：150-155.

［10］Hechet-Nielsen R.Kolomogorov's Mapping Neural Network Existence Theorem［C］.Proceeding of IEEE First International Conference on Neural Networks，1987（3）：11-14.

［11］陈荣江，张芳，罗批，等.石油模型研究综述［J］.计算机仿真，2013，30（6）：4-10.

［12］万吉业.石油天然气"资源量—储量—产量"的控制预测与评价系统［J］.石油学报，1994（3）：51-60.

［13］Energy Information Administration. Documentation of the Oil and Gas Supply Module［R］. DOE/EIA-M063，2007.

［14］张抗.中国石油天然气发展战略［M］.北京：石油工业出版社，2002.

［15］李继尊. 中国能源预警模型研究［D］.北京：中国石油大学（北京），2007.

［16］Mauricio Becerra-Fernandez，Federico Cosenz，Isaac Dyner. Modeling the Natural Gas Supply Chain for Sustainable Growth Policy［J］.Energy，2020，205.

［17］胡燕，杨有红，高晨，等.国有企业经营者业绩评价：以经济增加值 EVA 为导向［M］.北京：经济科学出版社，2008.

［18］聂勇浩，苏玉鹏.档案馆公共服务评价的指标体系建构——基于平衡计分卡和层次分析法的分析［J］.档案学研究，2013（2）：22-26.

［19］齐铎.从企业财务管理视角分析能源供给侧结构性改革［J］.煤炭经济研究，2019，39（4）：80-83.

［20］张群桥.石油勘探开发项目经济评价方法研究［J］.中国石油和化工标准与质量，2013（11）：250，256.

［21］贾爱林，何东博，位云生，等.未来十五年中国天然气发展趋势预测［J］.天然气地球科学，

2021, 32 (1): 17-27.

[22] 娄伟. 情景分析理论与方法 [M]. 北京: 社会科学文献出版社, 2012.

[23] 黄维和, 韩景宽, 王玉生, 等. 我国能源安全战略与对策探讨 [J]. 中国工程科学, 2021, 23 (1): 112-117.

[24] 邰政. 我国石油安全度评价模型及系统开发 [D]. 北京: 中国地质大学 (北京), 2019.

[25] 吴明, 富鑫, 刘广鑫. 基于熵权法的天然气供需关系综合评价 [J]. 当代化工, 2016, 45 (1): 92-95.

[26] 张建良, 孔祥礼. 油田 (藏) 规模序列法在复杂断块老油田滚动勘探开发中的应用 [J]. 断块油气田, 2001, 8 (6): 32-34.

[27] 魏国齐, 李君, 佘源琦, 等. 中国大型气田的分布规律及下一步勘探方向 [J]. 天然气工业, 2018 (38): 12-25.

[28] 张抗, 张立勤, 刘冬梅. 近年中国油气勘探开发形势及发展建议 [J]. 石油学报, 2022 (43): 15-28.

[29] 胡轩. 中国天然气消费市场影响因素分析与需求预测研究 [D]. 大连: 大连海事大学, 2020.

[30] 李洪兵, 张吉军. 天然气需求影响因素分析及未来需求预测 [J]. 运筹与管理, 2021 (30): 132-138.

[31] 赵素平, 陆家亮, 黄诚, 等. 天然气供应能力测算方法构建及分析软件开发 [J]. 天然气工业, 2021 (7): 144-151.